目 录

绪　论

第一节　问题、对象、范围

一、核心问题

　　本书的研究对象——立体影像主要是指通过屏幕形成视差的立体影像媒介,如立体电影、立体电视等。自从诞生之日起,立体影像就伴随着世人惊奇的目光、担负着补全影像媒介的众望、经历着产业最热切的拥抱和最冰冷的抛弃。爱森斯坦说:"怀疑未来属于立体电影,正如怀疑是否会有明天那么幼稚可笑。"①但是立体影像作为一种影像媒介,无疑是最命途多舛、最具有话题性的研究对象之一。本书并不试图从具体事件层面对立体影像的发展历程进行研究,也不对立体影像作为媒介或艺术的价值进行评判,而是严肃地思考立体影像的根本性问题:

　　(1)立体影像与平面影像的根本区别是什么?

　　(2)如何将立体影像中割裂的制作技术、创作经验、欣赏体验和产业价

---

① 　爱森斯坦.爱森斯坦论文选集[M].魏边实,等译.北京:中国电影出版社,1962.

值重新组合？

（3）立体影像如何摆脱"玩具"的定位，如何向"艺术"上升？

这些问题自从立体影像诞生以来，一直困扰着该技术的研发者、作品的创作者和欣赏者，以及从摄影、电影、文艺理论、传播理论、产业分析等各个角度切入立体影像媒介的研究者们。笔者认为，近两个世纪以来，针对立体影像的研究处于分散状态，不同背景的研究者从各自的角度出发，对立体影像进行或技术、或产业、或艺术的研究。诚然，这些研究的成果使得立体影像原理逐渐清晰、技术逐渐成熟、创作经验逐渐丰富，与影像和文化的理论关系也得到了初步探索。但是，立体影像缺乏一个基础性的框架，需要吸收这些成果形成立体影像媒介独特的理论体系。针对上述问题，笔者进行了大量的创作实践、理论研究、交流沟通和深入思考，发现立体影像基础性的框架问题就存在于本书的核心问题——立体影像的"空间"之中。

二、研究对象

立体影像的空间既是构图的空间，又是欣赏的空间，还是理论的空间。创作时，创作者以这个空间为舞台，在其中构造影像；欣赏时，观众以这个空间为通道，窥探立体的世界；理论探索时，研究者以这个空间为思考的对象，探寻其特性和与其他事物的关系。立体影像的空间如此重要，但又如此虚无。平面影像的空间与其"显像面"是完全重合的，尽管在影像创作之前，画布、屏幕、银幕或其他"画框"就已经真实存在，并且可以被感知，但立体影像的空间在创作、欣赏和研究时都处于"显像面"的"周围"，或者说其前后，因此人们难以感知其范围，把握其属性，也就难以明确其特征，更难以对其进行合理的利用。

因此，本书通过理论分析和实践证明，提出"立体影像锥体空间论"；力

图通过分析锥体空间的构成,明晰并限定立体影像的空间范围;通过分析锥体空间的两次映射关系,弥合立体影像创作和欣赏的空间鸿沟;通过讨论锥体空间中立体感的营造、运动的特性和立体影像的表现力,探索立体影像在"奇观"之外的功能。

三、研究范围

本书主要研究立体影像的空间,即空间的构成、属性和影像在立体空间中的特性,并不过多涉及立体影像的获取(拍摄)、制作和回放的技术与艺术。虽然在讨论锥体空间中的影像特性时会涉及诸多关于摄影、构图和后期影像处理等的问题,但本书将对相关问题采取"黑箱"的处理方式,即仅讨论"输入"的相关流程的要求、思路、素材及其"输出"的结果,忽略处理过程。相关流程涉及的思路、设备和技术均属于目前行业实际应用范围内真实可重复的标准流程。

本书所研究的立体影像虽然主要指数字技术语境下的立体影像,但所提出的立体影像空间问题却适用于数字时代之前的立体影像媒介。数字技术为立体影像媒介带来了革命性的变化,以往难以解决的稳定性问题在数字技术的支撑下得以破解。此外,数字技术带来的现场立体回放监看、后期立体校正等技术也对立体影像的创作流程产生了巨大的影响。但是,从立体影像最终产品角度看,立体影像的基本原理并没有变化。无论是数字制作还是使用光化学工艺,只要处理得当,均可获得良好的观看体验;同时,无论是数字制作还是使用光化学工艺,如果处理不当,也都会导致糟糕的观看体验。本书所涉及的立体影像作品案例基本来自数字时代的优秀立体电影和电视片,但在介绍以往立体技术时会对光化学工艺条件下的立体影像作品有所涉及。这样做的目的是集中精力探讨立体影像自身的特性,减轻或

消除影像技术所带来的局限性。

此外需要明确的是，本书讨论的立体影像主要是以平面的屏幕为载体，通过立体眼镜（无论是分色、分光还是分时）获得视差以形成立体图像的媒介。虽然裸眼立体屏幕在立体成像原理和方式上跟普通屏幕有所不同，但在稳定观看时，依然是由光栅或微透镜形成左、右视角分离的立体画面。所以裸眼立体屏幕在理想观看情况下，依然属于本书的研究范围。

近期获得广泛关注的 Oculus Rift 等头戴式显示器（HMD）由于在立体成像方式和互动性功能等方面较为特殊，并不属于本书主要考虑的对象。首先，头戴式显示器一般视野占比远远大于屏幕媒介，极大地弱化了画框这一重要的构图元素。其次，头戴式显示器一般具有互动功能，在观众观看实时生成的 CG 画面或特殊拍摄的全景画面时，画面内容相对真实空间静止，头部运动等效为拍摄摄影机的转动（甚至可以模拟小范围内的移动）。这种由观众决定观看视角的影像媒介具有特殊的视听特性，与由创作者决定观看方式（机位和构图）的影像媒介有很大的区别。但是需要指出的是，在静止的观看情景下，头戴式显示器与巨幕电影的观看效果类似，此时其立体影像的特性可等同于屏幕媒介的立体影像，然而，其巨大的视野占比往往会超出人眼的静止视野，因此依然与本书所讨论的立体影像空间有所不同。

第二节　文献综述

作为一种可以被直接"察觉"的影像技术，立体影像从诞生之日起就成为影像技术与艺术的研究热点之一，并显现出与立体影像产业密切相关的特征。从 SSCI&AHCI 权威数据库"Web of Science"检索情况（图 0-1 中图表

A)可以看出,以"3D movie"(立体电影)①为关键词的文献数从 2011 年开始迅猛增长,而从 2013 年开始衰落。CNKI 学术趋势分析(图 0-1 中图表 B)也表现出相似的过程。这一趋势与 2009 年以来的数字立体电影热潮和 2010 年以来的立体电视频道热潮的发展趋势相似。百度搜索指数统计清晰地表现出"立体"相关话题的热度(图 0-1 中图表 C)。

　　这种与产业密切相关的特性不仅影响到应在的影视领域的立体影像技术,还与众多其他领域相关,如自然地理学和测绘学、计算机软件及计算机应用、医学、戏剧电影与电视艺术、工业通用技术及设备、军事技术等。它们主要讨论的问题包括立体视觉的原理、立体影像(主要是视差)在测量中的应用、立体影像对机器视觉的增强等。其中,与本书直接相关的是立体影像在戏剧、电影与电视艺术领域的研究。从笔者所阅读的中英文资料来看,此领域中目前对立体影像的研究主要从三个层面展开:第一层是作为电影、电视媒介新特性的立体影像技术层面;第二层是作为内容创作新手段的立体影像应用经验层面;第三层是作为视听语言新现象的立体影像理论层面。尤其是第二、三层面的研究,与本书研究的主要问题——立体影像的空间形态密切相关。此外,立体影像作为一种诞生并发展于产业模式中的新技术,探索其产业属性的文献不在少数,如从影像产业整体入手,或从制片方、创作者、消费者角度切入。但由于这些内容与本书探索的立体影像的空间问题相距甚远,因此在此不再赘述。

---

①　由于立体影像没有直接对应的英文单词,笔者以立体电影和立体电视常用的主题如"3D movie""S3D film""3D film""Stereoscopic image"等分别进行了检索,其中采用"3D movie"作为主题的相关文献,无论是数量还是相关程度都远远高于其他关键词,因此以"3D movie"作为主要考察的关键词。此处涉及的检索结果是从 40,000 余条结果中以"社会科学"和"人文艺术"学科为条件筛选出的,最终分析的样本数量为 1,992 篇。

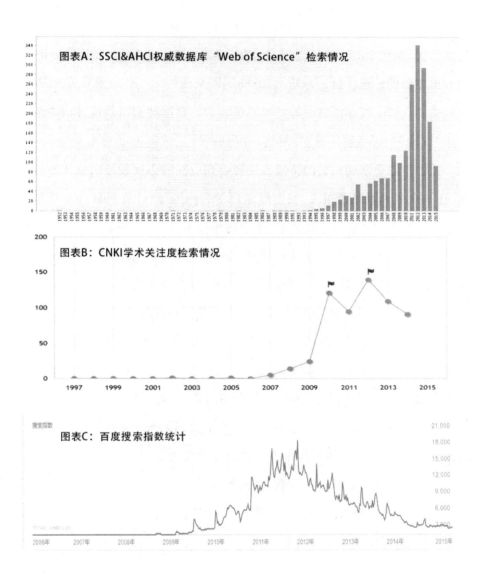

图 0-1　趋势分析

一、技术层面的文献

由于立体影像本身具有新技术特征,加之其涉及诸多技术领域,因此这一层面的相关文献,数量最多。早期的相关文献,如由杜赫斯特(H.

Dewhurst)编著,出版于 1954 年的 *Introduction to 3-D：Three Dimensional Photography in Motion Pictures*,发表于 *The Quarterly of Film Radio and Television* 1953 年第 7 卷第 4 期上的 *Perspective on 3D* 等,均对立体影像的原理及其在影视媒介(尤其是电影)中的技术实现进行了探讨。由德思礼(L. P. Dudley)编著、出版于 1951 年的专著 *Stereoptics：An Introduction* 则对立体影像的原理进行了充分的梳理总结。近期的文献资料从整体上看主要解决的是数字影像媒介中"能立体"的问题,这些文献均体现出较强的系统性。此外,由于观众对立体影像观看舒适度问题的重视,近期从技术角度切入分析这一问题的论文也较多。

由伯纳德(Bernard Mendiburu)编著、Elsevier 出版社 2010 年出版的 *3D Movie Making：Stereoscopic Digital Cinema from Script to Screen* 介绍了小成本立体影像作品的创作流程、技术设备和关键环节。此书中文版《3D 电影制作:数字立体电影制作全流程》由黄裕成、刘志强译,由人民邮电出版社于 2011 年出版。

高航军的发表于《现代电影技术》2011 年第 2、3 期的《数字立体拍摄设备配置理论与实践(上、下)》则从立体拍摄的原理入手,通过丰富的实践经验,对立体拍摄设备搭建及相关常见问题进行了系统性的深入探讨。

由韩伟编译、连载于《有线电视技术》2011 年第 9 期至 2012 年第 10 期的《3D 图像技术基础与应用》,系统地介绍了立体影像的原理、特性和主要技术,还涉及了"避免视听 3D 图像的疲劳"等有关创作的问题。刘言韬的刊登于《视与听》2010 年第 2 期的《3D 立体电影的新视听与新技术》则是用较短篇幅对立体影像技术及其应用进行介绍的论文代表。

由笔者编著、高等教育出版社 2014 年出版的《立体影像创作》系统地介绍了立体影像的原理、设备、技术和制作流程,作为本书的前期研究,对立体

影像的特性进行了初步的探索。

此外，由立体技术厂商发布的论文和白皮书也具有较高的参考价值。如由视频处理设备领军厂商宽泰公司委托，由史蒂夫·欧文(Steve Owen)编写，发表于 2009 年的白皮书 *Stereo 3D Entertainment for the 21st Century*，从历史、原理、当前技术和未来展望等方面对立体影像进行了系统的梳理，并对常用的术语进行了总结。类似的还有立体电影技术的主要推动者——RealD 公司的首席科学官马特·考恩(Matt Cowan)于 2007 年在 SMPTE 布鲁克林大会上发表的 *RealD 3D System*，它系统地阐述了 RealD 立体电影放映系统的原理和关键技术。

由于这一层面几乎不涉及创作思路问题，因此立体影像主要被当作"视差"来处理，几乎不涉及本书所讨论的"锥体空间"问题。

二、经验层面的文献

在立体影像产业蓬勃发展的高潮期，直接参与立体影像创作的从业者将其经验教训进行总结，形成了这一层面的文献。如 1984 年 1 月发表于 *SMPTE Journal*，由 C. 洛(C. Low)撰写的 *Large Screen 3-D: Aesthetic and Technical Considerations*，对巨幕形式的立体影像创作经验进行了总结；在 *American Cinematographer*1988 年 1 月刊上，由 L. 立普顿(L. Lipton)撰写的 *Stereoscopic Video Under the Sea* 就针对水下立体摄影进行了经验总结。此类文献不仅是经验的总结，更是立体影像由单纯的影像技术向创作手段转变的重要记录。

由 R. M. 海耶斯(R. M. Hayes)编著、出版于 1998 年的 *3-D Movies. A History and Filmography of Stereoscopic Cinema*，对电影史上比较重要的立体电影作品进行了梳理。在 20 世纪的数字立体影像技术支撑下，立体影像创作

活动异常活跃,作品反映出的问题可以得到充分、迅速地反思和纠正,也出现了立体影像创作手段或思路之间的碰撞。这类文献的数量虽不多,却是丰富而宝贵的第一手资料。

由阿德里安·潘宁顿(Adrian Pennington)和卡洛琳·贾尔迪纳(Carolyn Giardina)合著、Focal 出版社 2013 年出版的 *Exploring 3D: The New Grammar of Stereoscopic Filmmaking*(《探索 3D:立体电影制作的新语法》),以《驯龙高手》《皮娜》《2010FIFA 世界杯》《猫鼬 3D》《阿凡达》等优秀立体影像作品的主创人员提供的第一手资料为基础,对立体 CG 动画、立体体育转播、立体纪录片、立体故事片的立体策略、创作手段进行了一次全面的梳理。虽然该书未从零散的经验上升到理论高度,但其来自一线的翔实资料为本书的研究提供了诸多素材。

王灵东的刊登于《电影评介》2012 年第 19 期上的文章《3D 立体影像创作刍议》,围绕《龙门飞甲》等影片中立体影像的应用,探讨了从立体影像策略制定到影像构图等关键问题,并对立体影像的应用与观众的期待之间的辩证关系进行了初步探讨。

于路的刊登于《现代电视技术》2012 年第 12 期和 2013 年第 1 期上的文章《2012 温布尔登网球公开赛 3D 现场制作揭秘(上、下)》,是为数不多的对大型体育赛事的立体转播经验进行总结的文章。其中不仅涉及整体机位设置、技术解决方案,还涉及立体转播中画面的调度等关键性问题。

王楠、王喆的刊登于《新闻知识》2013 年第 7 期上的文章《3D 立体时代的电影摄影创作之惑》,从摄影的角度对立体影像引入的"瞳距""会聚"及双机同步问题进行探索,并对立体图像的构图和视听语言新可能进行了初步探索。

此外,立体内容制作单位会通过对大量实践的总结,推出一系列立体创

作"指导"。虽然实际操作意义大于理论总结意义，但此类文献内容翔实，将常见的创作问题进行了汇总，充分体现了创作一线中立体影像技术的应用情况。如受探索频道、索尼和 IMAX 公司联合组建的立体电视台 3net 委托，由伯特·柯林斯（Bert Collins）、乔希·德比（Josh Derby）和布鲁斯·多布林（Bruce Dobrin）等人编写的 *3D Production Guide*，系统地总结了立体电视节目制作的流程及其与普通电视节目制作在思路、手法和技术上的差异，详细地介绍了从前期策划、拍摄、媒体资产管理到后期制作每个环节的关键技术和常见问题；同时探讨了 2D 转 3D、立体显示技术和立体监视、立体观看舒适度、立体播出媒介等问题。再如，由 CG 软件开发商 Autodesk 公司于 2008 推出的 *Stereoscopic Filmmaking Whitepaper* 系列白皮书，主要从 CG 制作和影视后期角度系统探讨了立体影像制作技术。

从整体上看，此层面的研究主要解决的是"立体"的问题。由于直接与创作相关，这一层面的文献均需要将立体影像归结为某种形象的"模型"，如"窗口""瞳距""完全沉浸"等。但由于缺乏对立体影像本质特征的全面思考，这些"模型"均不能完整、有效地解释创作实践中出现的问题。本书所提出的"锥体空间"则能够相对完整、形象地将这一层面的研究纳入其中。

三、理论层面的文献

立体影像由于其奇观性，一直以来饱受理论界"视觉杂耍"的诟病。但随着近年来"立体狂潮"逐渐降温，创作实践开始能够严肃认真地对待立体影像，包括《阿凡达》《雨果》《皮娜》等一批具有探索先锋意义的作品诞生了。理论界敏锐地捕捉到了这一变化，开始从作品和创作实践角度切入，探索立体影像作为视听语言新现象的特性和可能性。

　　针对火热的立体电影市场,《当代电影》2009 年第 12 期推出了"3D 焦点"专题,整合发表了五篇关于立体电影的文章。"特地推出一组关于 3D 电影的访谈和研究文章,分别从发行、制作、技术发展和美学等角度为国产 3D 电影的发展总结经验、厘清思路、寻找方向,希望能引起专家和读者对业界这一新动态的关注。"这五篇文章从技术、产业、创作实践和艺术理论等不同的角度对立体电影进行了探索。其中,李相的《3D 电影美学初探》从"电脑 CG 技术推动的 3D 美学革命""3D 电影与传统电影语言的差异""3D 电影的时空观"三个角度,对立体影像作为视听语言的新特征、新作用进行了初步的探索。虽然将 CG 技术与立体影像等同有待商榷,但文中对立体影像的诸多特性进行的探索对笔者有很大启发。

　　胡奕颢的发表于《北京电影学院学报》2009 年第 4 期上的文章《3D 电影美学初探》,虽然篇名与上文所述文章相同,但该文章更为系统地从立体电影的美学特征、美学价值和美学反思三个层面,从技术美学、经济美学和文艺美学三个角度研究了立体电影的美学价值。

　　菲利普·桑迪弗(Philip Sandifer)的发表于 *Cinema Journal* 2011 年第 50 卷第 3 期上的文章 *Out of the Screen and into the Theater: 3-D Film as Demo*,虽然批评了一些立体电影"杂耍式"的强烈视觉效果(尤其是出屏),并对立体电影作为叙事媒介的前途表示了疑虑,但也提供了一套研究立体电影影像叙事的方法。其中有关立体影像空间中影像的扭曲等问题的探索对笔者有较大的启发。

　　宗伟刚、段晓昀的发表于《当代电影》2013 年第 10 期上的文章《3D 电影的美学:虚拟的身体与假定性的突破》,从观影体验切入,探讨了立体影像特有的时空观和假定性。它虽然仅对立体影像的特性局部进行分析,但视角独特地体现了当今影视理论研究重视"体验""参与""界面"的特色,

具有鲜明的时代特征。

张淑瑞的发表于《当代电影》2010 年第 7 期上的文章《3D 电影中的后现代身体意象及其意义》、胡奕颢的发表于《文艺争鸣》2010 年第 4 期上的文章《3D 立体电影的拟像原罪与人文式微》、秦勇的发表于《文艺研究》2014 年第 11 期上的文章《多维立体电影:重构美学的身体之维》等,也都表现出相似的关切。

斯科特·希金斯(Scott Higgins)的发表于 *Film History*:*An International Journal* 2012 年第 24 卷第 2 期上的文章 *3D in Depth*:*Coraline*, *Hugo*, *and a Sustainable Aesthetic*,从立体影像在《卡洛琳》《雨果》等片中的应用入手,探讨立体影像作为视听语言积极组成部分的可能。

杨会的发表于《电影新作》2014 年第 4 期上的文章《论 3D 电影的深度沉浸感》,从技术、艺术和故事融合的角度,结合立体电影发展历史,探讨了立体影像沉浸感的形成过程。

虽然这一层面的文献相对较少,但对立体影像研究来说具有重要的意义。整体上看,此层面的研究主要解决的是"理解立体"的问题。如果想从理论层面上研究立体影像,则需要对立体影像的空间进行明晰。本书就以此为出发点,对立体影像的空间进行梳理。

第三节 研究方法及本书结构

一、研究方法和思路

本书力求为立体影像的空间理论进行深入梳理和创新性构建。立体影

像作为一种产业实践比重相当大的研究对象,既涉及技术的层面,又涉及经验的层面,最终归结于理论的层面。而这种相对孤立的研究思路,不能满足本书力求打通实践经验与理论研究的立意。因此在研究思路上,本书以立体影像的自身特点为着眼点,在以往研究的基础上有所创新。

本书的研究以技术为基础,辅以经验,以最终提炼出理论。在影像媒介中,立体影像作为一种新技术,出现的频率最高,而且任何研究均不能脱离立体影像的技术基础。立体影像的原理、回放技术和制作技术中饱含着历代从业者对于立体影像的探索和思考。与立体影像技术相关的研究,主要以定量研究、实证研究为主。一般来说,以实践经验总结为主的研究注重实证研究、个案研究,而本书将采取广泛翻阅文献、归纳总结经验的方式,力求将创作经验进行理论总结并提出新的空间思路。同时,由于实践是检验真理的唯一标准,因此本书将通过大量的实验分析,以实践中的案例检验所提出的新理念。立体影像相关理论层面的积累并不丰厚,本书将主要通过定性的研究方法对经验进行升华。

因此,面对立体影像的空间这一内涵集中且外延巨大的问题,本书将采用提出观点、证明观点、提升观点的结构,提出立体影像锥体空间论,并讨论在锥体空间框架下立体影像的几个关键问题,进而将锥体空间理论提升至理论高度。

二、本书结构

绪论部分作为开端,开宗明义地提出所研究的问题,并厘清研究对象及范围。在文献综述中,本书对近年来和历史上重要的相关文献进行梳理,并总结其与本书所研究问题的关系。总体介绍本书的研究方法、思路和结构。

第一章"锥体空间的原理"通过分析以往相关研究中描述立体影像空间

的方式，对比其优劣，提出本书的核心观点——立体影像的锥体空间论，并对锥体空间的构成进行详细分析。其中，对锥体空间中"零视差面""正视差空间""负视差空间"进行逐个定性分析。各个空间部分形态如何？有何特性？在创作中如何运用？本章都将进行深入分析。此外，本章还涉及锥体空间的映射关系问题。立体影像如何记录现实空间？现实空间在立体影像中如何变化？映射过程中有何关键问题？锥体空间映射关系对于立体影像创作有何影响？以上这些均是研究立体影像、运用立体影像需要考虑的核心问题。本章将在锥体空间的框架下对相关问题进行探讨。

第二章"锥体空间与立体感的营造"从立体影像最核心的目的——营造立体感入手，分析锥体空间在制造不同形态的立体感时表现出的特性；通过案例分析，证明锥体空间理论能够对立体空间进行更形象、准确和全面的描述。首先讨论立体感中最直观的距离感。在充分认识到非视差因素的作用的基础上，探讨有限的锥体空间中不同距离单位画面的营造，提出锥体空间的不对称性。其次探讨不同体量空间的营造，探讨锥体空间在制造空间体量上的特性，并将圆度这一立体影像中的重要概念引入锥体空间进行考量。最后，通过对视线引导的讨论，探讨立体感营造与观众观感之间的对应关系。

第三章"锥体空间中的运动"将前两章所论证的"静态"的锥体空间推向"动态"。运动作为电影、电视等动态影像媒介的重要元素，在锥体空间中获得了新的维度，引发了新的问题。在锥体空间中，哪些运动方式发生了变化？以往的运动获得了哪些新的特性？这些特性在创作中应如何使用？这些问题不仅是创作实践中亟须解决的问题，也是立体影像理论研究中相对空白的领域。本章将结合传统的"构图"理论、影视"视听语言"理论，配合大量实例分析、论证相关问题。

　　第四章"锥体空与立体影像的表现力"探索立体影像锥体空间中的核心表现力——沉浸、眩晕和主观情感的视觉塑造问题。相关理念在创作实践中存在激烈的争辩,但笔者认为,立体影像不仅需要"再现"现实空间,更需要"重构"现实空间、"表现"主观情感。这也是立体影像的生命力所在。如何在锥体空间中融入主观情感? 锥体空间在分析此类问题时该如何运用? 本章将对此进行深入的探讨。

　　第五章"锥体空间论的影响和意义"是对本书提出的立体影像锥体空间论的理论提升,也是本书的结论部分。由于锥体空间论的提出和证明与实践紧密关联,因此本章第一节将讨论锥体空间论对于立体影像的创作理念、策略和具体过程的影响。作为一种产业属性极重的媒介,立体影像的创作实践往往在产业环境下开展,产业发展也对立体影像自身有着极其巨大的影响。第二节将探讨锥体空间论对立体影像产业有何影响。第三节将针对立体影像理论相对薄弱的现状,探索立体影像如何由"杂耍"向"艺术"跃迁,锥体空间论在其中将起到什么样的作用。

第一章　锥体空间论的原理

第一节　锥体空间论的提出

一、锥体空间论提出的背景

以 1833 年 7 月 21 日英国科学家查理·惠斯登（Charles Wheatstone）在伦敦英国皇家学会进行演讲，展示其在立体视觉理论和立体影像重现领域所做的研究为发端，双目立体影像的基本原理和立体影像重现的主要形式延续至今。双目立体影像通过在同一显示平面上向观众的左右眼分别提供带有视差的不同透视像来实现对人类立体视觉的模仿。[①] 相对于多视点立体影像、集成成像式的立体影像和体积三维成像，双目立体影像的基本原理与人类的双目立体视觉（Stereopsis）最为接近；其基本设备和实现方式与摄影、电影和电视较为接近；通过技术处理，双目立体影像媒介可以保持与非立体影像的兼容。所以，双目立体影像是被当今立体电影和立体电视广泛采用的基本原理。

---

① WHEATSTONE C F R S. Contributions to the physiology of vision. On some remarkable, and hitherto unobserved, phenomena of binocular vision[R].London：King's College,1938.

图1-1 1849年、1949年和2012年的立体拍摄设备

自立体影像进入影像媒体领域并开始被用于创作实践以来,立体影像的创作、传播和欣赏与以往"平面"影像媒介相比,涉及诸多前所未有的问题、效果和参数。比如在创作立体影像作品时,无论是静态的立体图片还是动态的立体影视节目,都涉及如何将物理世界映射到立体影像空间内的问题。这一问题又可以被理解为立体画面的效果如何构建、如何呈现,进而对应实际操作层面上的立体拍摄设备的瞳距、汇聚等一系列参数的设置。任何一个层面上的细节,都会给最终的立体画面带来直接的影响。然而,任何一个参数或设备、拍摄手法都没有可以参考的绝对的"正确设置",而是要根据拍摄环境和表现需要综合考量并做出选择。

看似处于技术层面的细节问题,却在最终的立体画面观赏体验中起到巨大的作用,这对于自由的艺术创作来说,无疑是一个巨大的障碍。但是,随着立体影像创作实践的蓬勃发展,越来越多的摄影师和导演对于立体参数及其对画面最终效果、观众观看体验的影响有了初步的认识。乐观的观点认为:"汇聚""瞳距""零平面"等术语正在成为这种迅猛发展的新视觉语法的组成部分。这些术语可能很快就会成为像"特写"或"跟焦"等被电影制作者熟知的常用词语。① 但这种认识目前仍处于消除抵制、零散认知的阶段。从长远角度看,让处于各个创作层面、各个职位的所有参与者完全了解

---

① PENNINGTON A, GIARDINA C. Exploring 3D: the new grammar of stereoscopic filmmaking[M]. Focal Press,2013:13.

所有技术层面的参数,既是不现实的又是没有必要的。在描述和分析立体影像作品时,平面构图的理论亦无法涵盖立体影像作品属性。建立一种形象化的模型,将零散的参数与表现效果归纳到一个可清晰描述的、可视化的空间中,对于立体影像创作和研究来说,既具有必要性、迫切性,同时也具有重要意义。

二、其他立体画面描述方式

立体影像创作实践和系统化理论研究已有近两百年历史。在这段相当长的时期中,创作者、评论者和理论研究者对于立体影像这一新的影像媒介从不同的角度进行了多种多样的描述,以描绘出立体影像这一研究对象的空间形态。这些描述方式大多以主流和成熟的"平面"影视画面理论为基础,将立体影像的观感、参数、属性和特征融入其中,呈现出整合程度、准确性和形象性逐渐提高的趋势,但遗憾的是,始终未能实现从平面空间到立体空间这一本质性的跃迁。

(一)立体影像的"窗口"描述

这里所说的"窗口"描述方式,并不是指解决立体画面负视差空间边缘问题(Edge violations)的浮动视窗(Floating window)方法,而是立体影像创作者将立体影像看作面向世界的一扇窗口,从而产生的一系列对立体影像特性的描述。"窗口"是好的立体观看体验自然而然带来的主观感觉。梦工厂动画公司首席执行官杰夫·卡赞伯格在描述他第一次观看 3D 版 IMAX 动画《极地特快》时说:"银幕的墙面消失,成了一扇打开的窗口,在将我们拉入影片的同时,将影片中的角色释放到剧场中。"由于立体影像是在屏幕的平面中形成的向内(正视差)或向外(负视差)的立体效果,因此直观的观看体

验就是立体影像"溶解"了屏幕,打开了"窗口"。观众可以通过这扇打开的窗口观看"外面"的世界,画面中的人和物体也可以从窗口"探入"观众所在的空间。

一般认为,作为立体影像"窗口"的是立体影像载体显示的物理显像面所在的矩形区域,对于立体电影来说,就是其银幕,对于立体电视来说,就是其荧幕。而银幕作为"窗口"的说法,阿恩海姆早已提出。对于立体影像来说,"窗口"一般对应其"零视差平面",是正、负视差空间的界面。在立体锥体构图中也存在"窗口"的概念,但其所指的是物理图像的画框,而不是作为窥探立体影像世界的形象描述。实际上,在 19 世纪后期,立体摄影第一次风靡世界时,人们就已经对立体画面的"窗口感"非常熟悉并且十分认可了。这种思路在当今立体影视作品创作中依然留有痕迹。如《阿凡达》在构造立体空间时主要使用正视差空间,营造"从窗口窥探潘多拉星球美景"的观看体验。有关窗口效果和正视差空间的应用将在后文中详细讨论。立体影像的"窗口"描述方式形象地反映了立体影像的观看体验,但无法对应立体影像的完整空间,无法对应拍摄制作环节中的任何具体属性或者参数。

(二)立体影像的"强度"描述

立体影像最基本也是最核心的效果就是"立体感"。在物理空间映射到立体影像空间的多种对应关系中,最直接的就是立体感的"强度"。所以强度是创作者和欣赏者最为关心、最津津乐道的立体属性之一,也是描述和区分不同立体映射关系、立体拍摄策略的最直接的方式。

对于欣赏者来说,立体感的强度是直观的观看感受,而对于创作者来说,调整立体画面的强度并不是一件简单的事情。早期立体创作者将强度与瞳距简单地联系起来,认为增加瞳距就可以提高立体画面的强度。但事实上,立体

感的强度既不是简单地与瞳距成正比，也不是仅与瞳距相关。在最近的创作实践中，马丁·西科塞斯谈到立体电影《雨果》的拍摄时说："我们已经熟悉 2D 的拍摄手法，习惯于使用将一切都压缩的长焦镜头，但在拍摄 3D 时需要重新思考，因为你需要决定如何利用深度。"在确定立体拍摄策略时，西科塞斯经常用"加强立体效果""减弱立体效果"等与摄影师罗伯特·理查德森进行沟通。① 摄影和立体效果团队根据导演的描述对立体效果进行综合的调整。

这种描述方式的优势在于简单直接，能够清晰地描述创作者在立体影像方面的意图。但其缺陷也显而易见，就是不仅无法准确、量化地描述立体效果的强度，也无法对立体影像的空间进行完整的描述，更无法确定创作过程中的立体拍摄策略。所以，立体感的强度描述方式仅在感性地描述立体感，只在对比立体感强弱时才有效。

（三）用立体拍摄参数直接描述

事实上，用视差、瞳距、汇聚等参数能够准确、量化地对立体画面的属性进行描述。在精确描述立体拍摄和回放效果时，大多是直接使用参数对问题进行描述。比如屏幕视差百分比、视差角、视差运动速度等，可以非常精确地用来量化立体画面的所有属性。

但是，在描述一些复杂的立体效果时，用参数则显得十分烦琐且难以理解。比如在描述立体画面空间拉伸、圆度过大的情况时，由于涉及的参数非常多而且需要大量三角函数计算，因此难以用一系列参数进行描述。更难以描述的是立体拍摄和制作时的参数与回放时的参数的对应关系。此外，由于摄影指导、摄影师、导演等与立体画面构造相关人员的知识结构不同，因此在实践中，这种方法难以取得良好的沟通效果。用参数直接描述立体

---

① SEYMOUR H. A study of modern inventive visual effects[J/OL]. http://www.fxguide.com,2011.

效果容易引起歧义,对于尚不存在的立体画面的拍摄来说显得晦涩。所以人们仍然需要将参数形象化"包装"在一种可视化模型中。

(四)立体影像平面化的模型

由于人眼产生立体视觉的基础是双目视差,因此通过俯视的视角夸张地描述两眼的光轴可以形象地表现立体视觉的基本特性。从查理·惠思登在 1838 年发表的论文到近年来各种介绍立体影像创作的书籍,在介绍立体视觉的成因和立体安全范围时,它们对立体影像的"平面"描述一直是最形象也是最常见的描述方式。这种描述方式的出发点是凸显视差在立体影像中的作用,所以它也可以被称作视差模型。

从图 1-2 和图 1-3 可以看出,立体影像的"平面"描述可以清晰地体现立体视觉或立体画面的两个重要参数——瞳距和汇聚。这两个参数也是立体影像创作实践中最常调节的两个参数。同时,立体影像的"平面"描述还将立体画面空间进行了简单的划分——正、负视差空间和零视差面。正是由于这种描述方式能够较为完整地体现出立体影像的成因,因此目前一般人们认为这种方式是代表立体影像的"模型"。

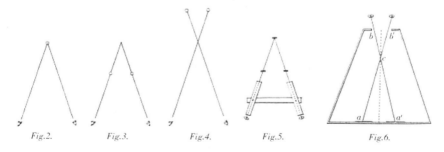

图 1-2 查理·惠思登在 1838 年的论文中对立体视觉的图解①

① WHEATSTONE C. Contributions to the physiology of vision:part the first. On some remarkable, ahitherto unobserved, phenomena of binocular vision[J]. Philosophical transactions,2001(128):371.

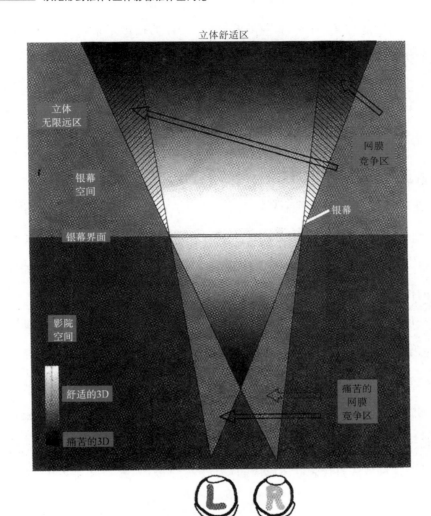

图 1-3 《3D 电影制作:数字立体电影制作全流程》一书对立体安全范围的图解①

但是,立体影像的"平面"描述还存在着诸多不足,难以全面描述立体影像的特性。首先,用平面的方式难以描述立体影像创作中可能出现的空间扭曲问题,如立体拍摄的光轴对齐问题等。其次,平面的描述方式无法解决

① MENDIBURU B. 3D 电影制作:数字立体电影制作全流程[M]. 黄裕成,刘志强,译.北京:人民邮电出版社, 2011:24.

拍摄和回放时立体空间的对应问题,如拍摄和回放时物理空间在影像空间中的拉伸和挤压问题。最后,也是最关键的——平面的方式难以描述物体在立体空间中的分布和圆度问题。立体空间中真实存在上下、左右、前后的位置关系,物体本身在不同的位置、不同的拍摄方式下体现出的圆度也不同,而平面的描述方式是将影像空间再次投射在平面上,对上述问题难以进行有效的反映。

总之,立体影像的"平面"描述,或称其为视差模型,能够清晰地展示水平视差,在描述立体视觉原理、宏观描述立体画面性质、粗略分析立体画面内容时,有其便捷、形象的优势,但由于其被限制在二维空间中,在需要考虑画面面积、视差空间体积层面时它无法应对。

(五)其他描述方式

除上述描述方式外,在立体影像的创作和理论研究领域还有"雕塑感""全息说""无界说"等对立体影像进行描述的方式。它们的共同特征是突出双目立体影像的立体感,强调立体影像对立体视觉的完全还原。在与立体制作技术的对应关系上,这些描述方式普遍对应着立体画面圆度、观看环境对立体画面的扭曲等问题,比如强调立体影像应正确还原物体自身的体积感及其表面凹凸细节的"雕塑感",能够从画面最终结果出发对立体画面中物体的圆度进行要求;体现了观看立体画面时的屏幕大小和距离对观看效果的影响。这些描述方式对立体画面的不同方面进行了描述,在描述某一问题时都具有较好的表述效果,但难以整体涵盖立体影像的空间、特征和属性。

二、锥体空间论的定位和作用

本书所探讨的立体锥体空间论从三维空间着眼,描述和解释画面空间

由平面的矩形向立体的锥体延伸所带来的变化。相比以往的套用"平面"影像理论的思路,立体锥体空间论用立体的思维来分析、理解和运用立体影像,能够更为准确地描述立体影像的空间范围,更为全面地涵盖立体影像创作和欣赏涉及的问题,更为鲜明地体现立体影像的特性。立体锥体空间论将立体影像的创作与欣赏紧密结合,能够解释立体空间的映射关系、重现体积关系、拉伸变形等基础性问题,也为立体影像的表现力探索提供了研究的空间起点。

在理论层面上,立体锥体空间论将立体影像的主要特性统一到一个空间之内,充分体现了立体影像的表现空间和表现力因素,能够支撑立体影像从自然的技术应用向自觉的艺术追求转变,进而为探讨立体影像作为一种艺术手段的特征、作用和意义,提供了新的角度和可拓展的理论空间。立体锥体空间论对于立体影视创作实践和理论研究来说,是一个新的着眼点和切入点,带来了一套新的整合度更高的理论体系,并且将在以下方面起到促进作用:

(一)制定立体创作策略

与"平面"拍摄方式相比,立体拍摄和制作引入了更多的参数。这些变量的组合不仅决定着最终画面的表现力,同时也决定着实拍所需的软硬件环境和基本流程。所以立体创作的策略对于立体影视作品的拍摄能否顺利进行、最终画面能否成功呈现,有着决定性的作用。在制定立体拍摄策略时,立体锥体空间论可以更为形象地展现所选择的拍摄策略的宏观立体效果,为制定立体拍摄策略提供参考,也为技术人员和设计人员建立起一个可供交流的空间模型。

（二）构造立体画面

除了需要在画框的二维空间内排布物体外，更重要的是，应用锥体空间来展现物体的体积感和空间关系。然而，以往创作者只能通过二维画面想象最终的立体画面效果，或通过深度预算从数字上整体控制画面的空间效果。在立体锥体空间的辅助下，创作者可以在三维空间内进行构图。画面的摆位（Layout）可以根据立体空间的映射关系灵活地调整，从而为灵活地应用立体画面空间，通过立体画面空间表达更多情感和意义，提供便捷、可控的手段，也可对不同观看环境下的立体观看体验进行预判。

（三）立体问题描述和排除

由于以往的"平面"立体模型难以展现空间中的扭曲关系，因此立体画面的空间扭曲、光轴对齐等问题一直难以被形象地表述，更难以与创作中的理想空间关系产生关联。因为解决问题时缺少形象化的指导，所以在立体校正领域仅能进行"修补"，而不能像其他特效手段一样，利用后期工具对立体画面进行二度创作。立体影像的锥体空间本身就是三维的，我们可以将摄影机之间、不同制作步骤之间的立体空间关系形象地表现出来，从而清晰地描述立体画面的问题并加以创造性解决。

（四）立体画面描述

随着立体影视内容的逐渐增多，对已有的立体画面进行分析、描述、评价的必要性日益凸显。以往的立体描述方式只能描述立体画面的部分属性，而且无法将观看环境考虑在内。而立体锥体构图的方式则可以形象地将立体画面的整体观感较为全面、形象地表现出来。这不仅对于评价立体

画面有着现实的意义,更对未来立体真正成为视听语言的新有机组成部分,提供了适合的空间基础和术语系统。

(五)立体回放空间搭建

观看立体内容需要通过影院的银幕、电视的屏幕或随身设备的屏幕进行回放才能完成。同一立体内容在不同屏幕、不同观看环境下所产生的空间关系是有巨大区别的。但是,由于制作成本等限制,一部作品难以针对不同观看环境制作不同的版本,针对不同观看环境进行优化的可能性也非常有限。比如 2010 年 FIFA 世界杯和 2011 年温布尔登网球公开赛都在全球范围内进行了转播,既面向 3D 电视转播,又为配备了卫星接收装置和数字影院设备的电影院提供信号。观众可以通过不同大小的屏幕,在不同的观看环境中观看转播,他们的观看体验肯定会有所不同。① 通过立体锥体空间模型,可以形象地描述针对不同屏幕制作的立体画面在回放时的空间映射关系,因而创作者可以预估不同观看环境下的立体效果,观众也可以在屏幕大小相对固定的情况下,通过调整观看距离等,尽量将立体画面扭曲控制在可接受的范围内,而这是以往只能通过使用视差百分比计算三角函数才能获得的效果。

第二节　立体影像锥体空间的构成

一、锥体空间的形态

人类用视觉感知世界、观看影像时,大多数情况下,单眼即可满足对光

① PENNINGTON A, GIARDINA C. Exploring 3D: the new grammar of stereoscopic filmmaking[M]. Focal Press,2013:102.

影、色彩和深度的感知。正常的单眼视觉也是立体视觉的基础之一。人眼的内部以晶体的光学中心为顶点，以视网膜的有效部分为底边，大致形成了一个椭圆形底面的锥体；以晶体的光学中心为顶点，向眼外方向的对角锥体范围则是单眼的视觉范围（Field of Vision，简写为 FOV）。在一般的银幕或屏幕视觉研究中，通常以水平方向的视场角度范围作为最重要的参考。在视觉研究领域，这一范围经常被简化为一个轴对称的 70 度顶角圆锥体，一般的电影银幕能够在水平方向上覆盖约 54 度的视觉范围。[①] 但在研究巨幕格式电影（如 IMAX）和头戴式显示设备（如 Oculus Rift）时，由于设计目的是对人眼视觉范围的最大化覆盖，因此需要更为全面地考虑以单眼光轴为中心的各个方向上的单眼视觉范围。眼科研究认为，人眼的单眼视觉静态范围为顶角在水平方向上向两眼中心方向 60 度、向两眼外侧方向 95 度，垂直方向上向上 60 度、向下 75 度。[②] 目前较常见的巨幕（如 IMAX 巨幕）在水平方向上能覆盖约 70 度的范围。可见，目前矩形银幕或屏幕的覆盖范围要远远小于单眼视觉范围。图 1-4 假定了一种观看情景，夸张地展示了矩形屏幕在单眼视觉中的情况。

图 1-4 中的 ABCD 代表一块矩形平面屏幕，理想情况下，其轴心线与单眼的光轴重合，成为一条直线 EE′。通过单眼晶体光学中心 O，屏幕在眼底的成像为倒立实相 A′B′C′D′。眼底视网膜层实际成弧面，但人的视觉神经系统对于所成的像会进行一系列自动校正和补偿，此处的 A′B′C′D′ 就是经校正后等效的像。通过光心 O 的光线所成的对角一直保持相等，如 ∠EOH2 = ∠EOH2′、∠EOV1 = ∠EOV1′。此时可用于构图的空间范围是矩形 ABCD 内。ABCD 即此影像媒介的画框。

① IMAX Theater Design［EB/OL］.https://www.imax.com/about/experience/geometry/.

② MIL-STD-1472F military standard, human engineering, design criteria for military systems, equipment, and facilities (23 Aug 1999)［R］. 1999.

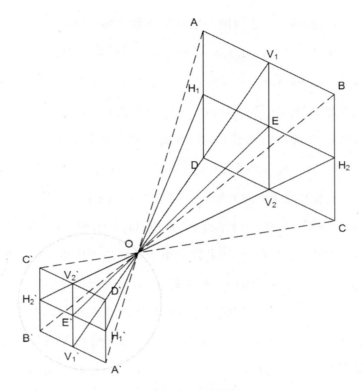

图 1-4　单眼视觉中的矩形屏幕

　　即使一些使用特殊形状画框的美术作品由矩形变为圆形或其他形状，图 1-4 的情景对于"非立体"的平面影像媒介也依然成立，比如绘画、摄影、非立体的电影、电视、手机屏幕等。这一情景是几乎所有关于平面视觉的创作、传播和欣赏理论的基础模型。无论画面内体现的深度和广度有多大，其构图的空间都会被限制在矩形 ABCD 之内。"构图……因为有一个画框的限制，所以，作画的人就要有效合理地在那个有限的空间内组织、安排他要描绘的事物。"①对于绘画、摄影等可以选择、调整画框的影像媒介来说，画框早已超越了其装饰作用，成为构图中不可或缺的一维。画框的存在不仅意味着画面边界的存在，更意味着画面本体的存在。这一点在重视留白和整

① 吴向东,李一平.论当前电影的空间构图艺术[J].电影文学,2011(5).

体布局的中国画中则更为明显。对于电影、电视等画框相对固定的影像媒介来说，画框更是作为阿恩海姆所说的看到另一个世界的窗口，对于影像的构成、情感的传达有着重要作用。

　　然而，随着影像媒介写实能力的提高，追求真实重现、临场感、沉浸感的影像媒介，尤其是巨幕电影，则通过艺术处理和技术手段逐渐淡化画框这一概念。比如 IMAX 巨幕影厅的设计规范中着重提出了银幕需要"从墙到墙"，营造最大的视野和沉浸感。而阿恩海姆所说的"窗口"的实现，并不仅仅意味着扩大"窗口"的面积——使用更大的银幕以获得更高的视野覆盖率，而是通过双目立体影像真正打开银幕前后的空间，在立体的空间中模拟、还原人眼的立体视觉。

　　双目立体影像原理中，双目视差是立体感的主要来源，也是人类立体视觉的主要形成机制。双目立体视觉以双眼同时视觉下的影像重叠（一度融像）为基础，通过双眼平面融像（二度融像）实现（三度融像）。双目立体影像媒介的立体实现方式均以此为基础，通过在一块矩形的显像平面（或近似平面）上为观看者的左、右眼输送带有视差的一组立体画面，来实现立体画面的重现。无论是影院中常见的 RealD 3D、Dolby 3D、X spanD、IMAX 3D，还是电视设备上常见的 Full HD 3D、"不闪式 3D"，均可被包括在内。图 1-5 是在图 1-4 所假定的观看情景基础上，加入双目立体因素后的情况。

　　图中左、右眼的晶体光学中心 O_L 和 O_R 之间的距离即立体影像中的重要参数——瞳距（Interocular Distance）。瞳距由于年龄、性别和人种等差异而不同。中国人的平均瞳距为 57.9 毫米，男性平均值为 58.2 毫米，女性平均值为 57.6 毫米。20 岁以上人群平均上瞳距为 61.1 毫米。[1] 6 周岁的男性平均瞳距为 55.6 毫米、女性为 56.04 毫米。男性 14 岁、女性 11 岁时瞳距达到

---

[1]　宋德隆，焦祖梅，等.中国人正常瞳孔径测定的统计观察［C］.第二届全国眼科学术研究会议论文汇编.

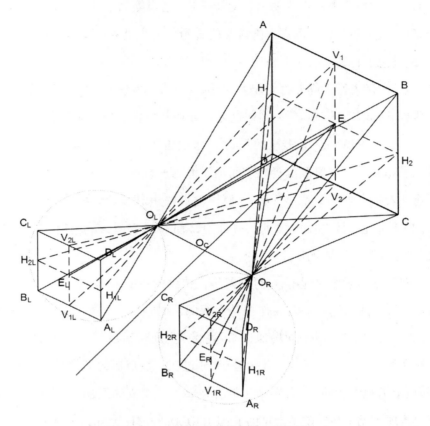

图 1-5 双目立体影像中的矩形屏幕

成人水平。① 在立体影像创作中,假定一个目标观众的瞳距,是所有相关计算的重要前提条件之一。在立体拍摄或立体 CG 制作时,瞳距则指左右摄像机镜头光心之间的距离。针对不同的立体设备、拍摄对象、场景深度和立体重现诉求,瞳距往往不同,常见的拍摄瞳距范围为 20 毫米到 100 毫米。

双目立体影像中,左右画面显示在同一矩形区域内,在图 1-5 中即为矩形 ABCD。在现实情况中,瞳距 O_LO_R 一般远远小于屏幕距离 EO_C,所以这一

<hr>

① 范真.甘肃省 8164 例儿童青少年瞳距测量分析[J].中国儿童保健杂志,2012(12).

区域上的点，距左右光心距离几乎相等，在画面中反映出的视差几乎为零。所以在立体影像系统中，显像面 ABCD 是另一个重要的特殊平面——"零视差面"或者"会聚面"。当双眼中心的光轴与屏幕轴心重合时，屏幕中心点 E 是绝对的零视差。$\angle O_L E O_C$ 和 $\angle O_R E O_C$ 分别代表左右眼向内旋的角度。一般情况下，$\angle O_E O_C = \angle O_R E O_C$，只有在屏幕与观看距离 EO_C 非常近，或者视觉平面与成像面夹角较大的情况下，二者才会发生偏差，如在影院中坐在前排两侧的位置。$\angle O_L E O_R$ 即为立体影像中的"辐辏角"。

若图像显示在矩形 ABCD 内，在立体视觉空间中，其 Z 轴位置也不会偏离显像面，那么矩形 ABCD 就是零视差面。但当矩形 ABCD 内的左右图像组有视差时，所显示的图像位置则会向内或者向外移动。一般认为，能够实现一度融像和二度融像的区域为立体"安全区域"，在此区域内可以形成立体视觉。在图 1-5 中，这一区域是以 O_L 和 O_R 为顶点，截面均含有 ABCD 的两个椎体的重合部分。当瞳距 $O_L O_R$ 远远小于屏幕距离 EO_C 时，即在一般的电影和电视观看环境中，这一立体图像的显示范围可近似于以 O_C 为顶点，截面含有 ABCD 的椎体，如图 1-6 所示。这个空间区域是此情况下立体图像的显像范围，即立体图像的"画框"。

双目立体影像在图 1-6 所示的构图空间内可以进行二度融像，进而使人产生立体感。虽然在实际创作中，考虑到观看舒适度和构图的影响，立体影像几乎不会充满"画框"，而是采用后文图 1-20 所描述的空间对应关系，但是图 1-6 是最单纯因素下的人眼视差锥体空间形态。锥体空间内的构图空间与矩形平面一样是连续的。但根据视差的状态、空间的性质和表现空间的功能不同，立体锥体空间可以在理论上以零视差面为界，分为"出屏"的负视差部分和"入屏"的正视差部分。此外，在双目立体影像的可视范围内，还有部分可以被看到但无法形成立体视觉的空间。由于正负视差空间在 Z 轴上

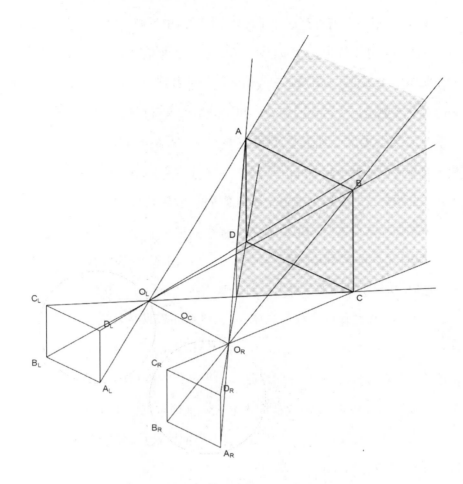

图1-6　双目立体图像的"画框"

的位置有较大的区别，因此其对于空间的呈现、体积的塑造和产生的心理作用有不同的影响。所以我们有必要分别对各个空间组成部分的空间位置、立体特征、创作时的一般用途和常见问题进行分析。值得注意的是，立体影像的锥体构图空间在创作和观看时均是连续的。对于立体感营造良好的画面，观众基本无法直接从立体影像中分辨出零视差面或正、负视差空间的位置。在这里进行分割是为了方便地对锥体构图空间进行定性分析。

二、锥体构图空间中的零视差面

　　零视差面是立体影像创作和分析中最常被用作空间参考位置的对象。由于其位置和大小与电影银幕、电视屏幕等物理显像面完全重合,因此它也是锥体构图中为数不多的可以被预估而且立体显示效果在不同观看环境下均不会发生变化的空间。由于零视差面附近视差变化小,因此立体影像也不会产生因显像面大小变化(如将以影院为参考空间制作的立体画面放在电视屏幕上

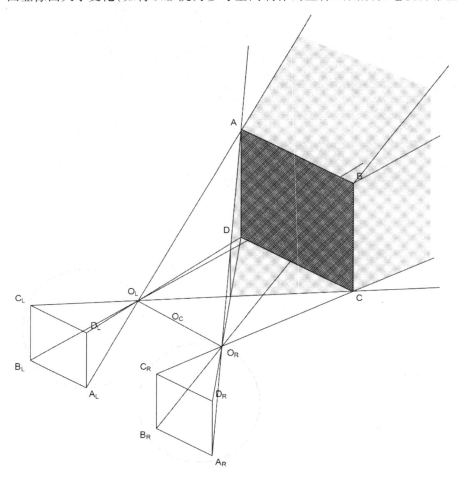

图 1-7　零视差面

播放)或者因观看视点变化(如坐在前排左侧的观众与坐在后排右侧的观众)
而引起的立体感拉伸或变形问题。此外,由于零视差面位置视差为零,左右眼
图像对在显示时完全重合,因此处于零视差面上的图像不存在视差引起的"重
影"问题,这就更进一步避免了双目图像串扰等困扰立体影像回放质量的问题。

图 1-8   画面主体处于零视差面附近

由于零视差面的上述特征,其在立体影像创作中常常作为画面主体的
空间位置。如图 1-8 中《阿凡达》的开场纵深镜头和《鬼妈妈》中的特写镜
头,左侧为分色立体画面,右侧为通过 NUKE Ocula 立体插件分析出的左右
画面组中特征点的位移情况。右侧画面中,红绿线段越短,则该特征视差越
小。可直观看出,主角的脸部在整个画面中视差是最小的,尤其是主角的眼
睛,视差几乎为零。所以我们可以断定,这两个镜头均处在零视差面附近。
由于没有视差或视差极小,观众即使不使用立体眼镜观看,也能看清 Z 轴上
零视差面附近的图像,如《阿凡达》中主角附近的太空船内景或《鬼妈妈》中
主角的头部、身体和处于身体前方的手掌。

基于前文所述的诸多原因、大量创作实践所积累的经验和作品所展示的情况,有观点认为,画面主体或者试图引导观众注意力的图像应被放置在零视差面附近。但是需要注意的是,这并不是一定的,通过适当的视线引导,可将观众的目光集中在几乎所有深度的位置上。

另一个关于零视差面的错误观点是"由于几乎无视差,因此零视差面附近的立体感是最舒适的"。这一观点的结论与大量的观看体验相吻合,是被创作者广泛接受的观点。但之所以观看零视差面时较为舒适,并不是由于视差的有无,而是由于观看环境往往是根据观看平面影像的需求设计的,因此在大部分观看环境中,显像面的位置观看舒适度和效果最好。由于显示平面影像时图像没有视差,因此其在空间中的 Z 轴位置只能处于显像面上。对于显像面(播放双目立体影像时的零视差面)的位置和观看位置之间的空间关系,在设计时,需要充分考虑观看效果和舒适性。而立体影像正是利用了这个位置的特殊性。相反,由于头戴式立体显示设备(如 Oculus Rift)的左右眼画面通过独立的显像面进行显示,因此不存在零视差面,双目视差在整个画面中存在,且均处于正视差空间;但头戴式立体显示设备的立体观看效果非常好,所能展示的立体空间也是最广的,这也从反面证明了"由于零视差面无视差因此最舒适"的观点是错误的。

三、锥体构图空间中的正视差空间

双目立体锥体构图空间中体积最大的是图 1-9 所示的正视差空间。这个空间从零视差面向屏幕内部延伸,理论上可以营造出无限远的立体视野。在立体影像的正视差由零变到理论最大值的过程中,立体影像的 Z 轴位置为从零视差面向无限远移动。所以这个区域靠近零视差面的部分的立体感变化是较接近线性的;可控性相对较强,而远离零视差面的区域的立体感的

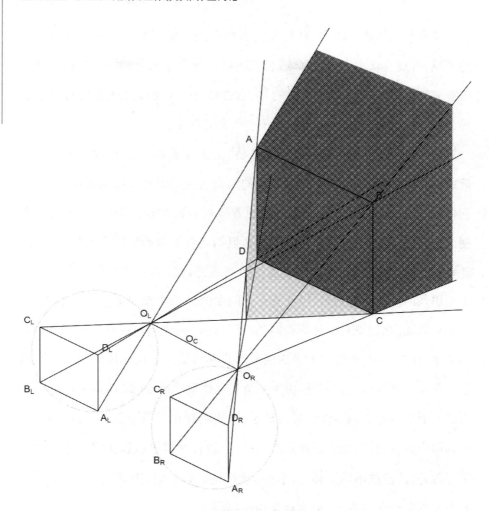

图 1-9　正视差空间

变化将大大加快,使立体影像拉伸并加快向远处移动。图 1-9 中的部分仅是
正视差空间中比较靠近零视差面的部分。将立体影像比喻为一个窗口的例
子深入人心,而在立体影像的空间中,正视差空间与零视差面接近的区域,
正是这扇"窗"前最容易看到"风景"的地方。相比零视差面的保守,正视差
空间的前段在锥体构图中更为灵动。此位置附近的成像距离比屏幕所在的
零视差面距离观众更远,当观众将目光集中到处于此空间内的影像上,其双

眼会处在相对放松的状态,因此这个区域的立体影像相对更为舒适。在立体视觉上,这个区域强弱适中,成像体积感与平面影像的体积感相似;在心理上,这个区域能够营造足够的亲近感,同时避免负视差空间中经常出现的突兀感和压迫感。因此,如《功夫熊猫2》《驯龙高手2》等主要面向儿童的CG动画立体电影,几乎将画面主体全都安排在这个区域内。

图 1-10　画面主体在正视差空间

　　正视差空间距零视差面较远的部分,往往作为画面的背景使用。如果画面展现的是室内或者其他封闭空间,那么立体画面设计时设计师会重点考虑画面中出现的最远影像是否超出正视差的安全范围。尤其是近景、特写镜头,因为汇聚角较大,处于汇聚位置后影像的视差就会急剧增大。如图1-11所示的立体拍摄模拟计算,左图的汇聚点距离是10.06米,此时的正视差安全距离是18米。也就是说,在这种设置下,18米之内的物体在立体成像时是安全的。但在同一套立体设置下,当汇聚距离调整到8.29米时,正视差安全距离急剧缩短到12.9米。此时距摄影机13米的物体的正视差会超

过极限。这时必须采取减小摄影机瞳距、减小镜头焦距等方式，将背景范围内的物体压缩到有效的正视差空间内。但此种方法的副作用是降低了整体场景的立体感强度，有时需要通过调整构图甚至改变置景等方式弥补。此外，这种情况下的立体影像在回放中会出现负视差空间急剧拉伸的问题。关于空间拉伸和挤压的问题，将在第二章第一节中进行讨论。

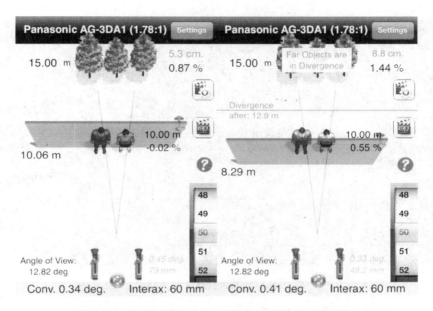

图 1-11　随着汇聚角增大急剧降低的正视差安全范围

正视差空间中向无限远处延伸的部分，正视差会逐渐增大，这个部分一般作为场景的背景使用。虽然正视差会减轻观众双眼的汇聚，但过大的正视差与过大的负视差一样会使观众眼部肌肉紧张，引起不适感。超过最大正视差的立体影像，会引发双眼的光轴由平行向两侧偏离（Divergence）。在RealD 3D 的立体电影制作规范中，单眼的偏离量不超过 0.33 度即被认为是可以接受的。[①] 但在立体影像的目标放映屏幕面积增大或其他立体画面占

---

①　DIVERGENCE A.［CP］.Real D pro stereo3D calculator manual. 2010.

据观众视野的情况下,偏离量的阈值会大大降低。另外,人眼固有的瞳距决定了对于 10 米之外的物体,视差引起的双目立体逐渐退出形成立体感的主要因素,而是由单眼深度线索提供更远距离上的立体感。对于这种极限情况,一般在立体影像设计和制作中是要加以避免的。但是,对于影视画面构图来说,星空、远山等含有无限远空间的开放场景是不可避免的。这是平面的矩形构图空间中不存在的问题,对于立体画面中此类问题的处理,一般会采取整体限制正视差阈值,封闭正视差空间,依靠非视差线索营造大距离感的方法。这种方式直接适用于整个场景的深度可控的情况,如完全可控的立体 CG 制作、部分棚拍的立体实拍画面以及使用绘景特效制作的镜头。在自然场景拍摄、体育转播等空间不可控的情况下则无法直接调整,需要后期重新对深度空间进行排布。

　　图 1-12 中的(1)和(2)出自《驯龙高手》正片前梦工厂动画公司的电影片头。在无限远空间的处理上,此画面对于处在画面无限远处的星空采取了设定统一的、相对较大的正视差的方式进行限制。这种方式的优点在于最大限度地保证了正视差的安全性,缺点是在立体观看时,整个星空会形成闭塞的卡片感。但随着正视差空间中靠近零视差面的区域逐渐变大(大量具有体积感的云朵),加之鱼线和鱼钩的猛烈出屏丰富了负视差空间[如图 1-12(2)],这就使得即使最远处的星空的正视差没有发生变化,背景的卡片感和闭塞感也被削弱了。图 1-12(3)出自《阿凡达》,图中展示的空间范围非常广阔,但其总视差的强度远远小于图 1-12(2),最远处地面的正视差封闭。画面的空间感几乎完全依靠透视、云雾、空气散射等非视差因素进行营造。

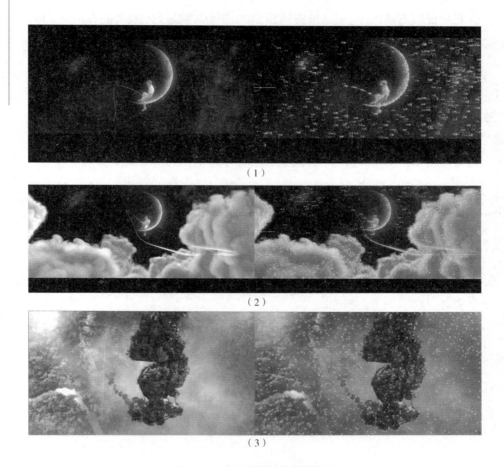

（1）

（2）

（3）

图 1-12   对于无限远空间的处理

四、锥体构图空间中的负视差空间

双目立体影像的负视差空间是零视差面到最大负视差位置间可以形成二级融像的有限空间（见图 1-13）。这个空间中的立体影像从屏幕所在平面凸出到观看环境空间中，使人产生"出屏"的强烈立体感。当观众注视这个区域中的立体影像时，双目会聚角会从零视差面的"初始会聚角"开始增大，也就是双目的光轴向中心偏移，这一动作会使观众的眼部肌肉感到疲劳，极

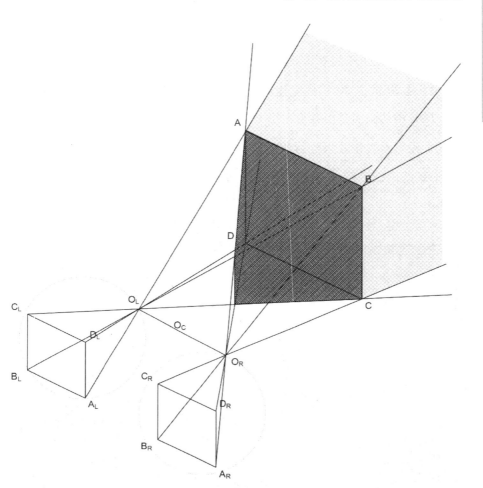

图 1-13 负视差空间

端情况下甚至会引起强烈的不适感。立体影像凸出屏幕进入到观众的心理空间范围,会产生强烈的刺激感。但观众对于这种刺激感是有期待和需求的。同时,这种刺激的立体感也是立体影像媒介所标榜和炒作的"卖点"之一。

在一般的立体影像观看环境中,负视差空间的体积比正视差空间小得多。但由于立体影像的奇观性和观众的心理期待,从立体影像创作初始,经过 20 世纪 20 年代、50 年代和 21 世纪初的立体热潮,立体影像媒介每次出

现在大众的视野中，对负视差空间的利用都会引起广泛的讨论。图 1-14 中的画面来自 1921 年的立体系列短片 *Plastigram*。这些以单个镜头为单位的"短片"是 20 世纪 20 年代立体影像首次进入大众视野时最重要的作品之一。图片中的画面是由乔治·伊士曼工作室主持发掘并修复的。修复过程中人们没有对立体效果进行校正，而是保持了原始的立体效果。我们可以看到，这些画面的唯一"目的"就是展示影像探入影院空间的"疯狂出屏"效果。

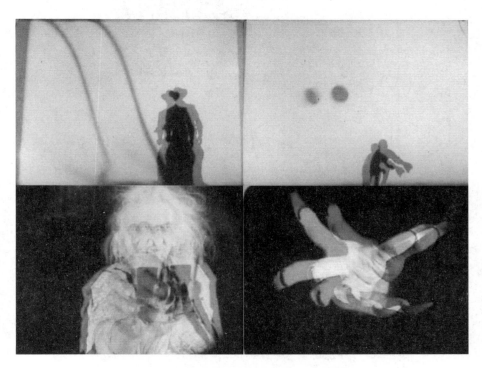

图 1-14　出屏效果夸张的早期立体电影①

　　在令人头痛的"疯狂出屏"之后，立体影像创作者反思了对负视差空间的使用。音乐会立体电影 *U2 3D* 的艺术指导凯瑟琳·欧文表示："我们在开

———————————

① Plastigram Stereoscopic Film, 1921.

始拍摄前看过许多的 IMAX3D 科教片,这让我们下定决心不去拍摄炫技的'凸到你面前'的画面。如果出现得自然的话,一两次还能接受,但其他情况下这会看上去很生硬而且令人生厌。"经过反思,目前立体影像创作领域对于负视差空间的利用进入了一个相对理性的阶段。纪录片《猫鼬 3D》的制片人卡罗林·霍金斯表示:"观众不希望像看水族箱一样的 3D 观看体验,他们也想在负视差空间观看事物。"该片首席立体摄影师菲力·斯特尔通过较为缓和的出屏验证了制片人的观点,并非常完整地阐述了靠近零视差面的负视差空间的作用:"一般做法是将物体放置在屏幕平面上或者后面,但是我相信 3D 叙事未探明的一片重要区域是 0.5%—1% 负视差空间,也就是物体刚出屏的地方。这既与用炫技的 3D 去戳观众的眼睛不同,又与由于过于保守而忽略负视差能带来的冲击效果不同。如果你能确保 3D 效果不是刻意飞出屏幕,观众就不会感觉他们的空间受到了侵犯⋯⋯我认为这样利用立体空间会减少人们对电视机实际边框的注意,0.5%—1% 负视差可以增添一种存在感。"①实际上,在零视差面附近,无论是在正视差空间出屏还是在负视差空间出屏——事实上在立体观看中无法区分——营造的立体感是相对舒适的。

　　对于强烈出屏的接近极限的负视差空间,创作者往往会在刻意提醒观众"3D"的存在时才会偶尔使用。比如图 1-12 中甩向观众的鱼钩,其从负视差空间中加速飞到正视差极限附近后迅速减速飞回原来所处的负视差。这种短时间的强烈出屏配合连续的空间运动,可以有效地降低空间的跳跃感,在展示了强烈的立体感的同时,不至于引起观众对出屏画面的不适。对于这种强烈出屏画面的运用,需要根据作品题材、风格和目标观众,使用并没有绝对的规律。立体电影创作者广泛认同的是"游乐园中的娱乐项

---

① PENNINGTON A, GIARDINA C. Exploring 3D: the new grammar of stereoscopic filmmaking[M]. Focal Press, 2013:154,139.

目电影每 30 秒就可能需要一个夸张的 3D 效果，40 分钟长的 IMAX 电影中每 3 分钟一次，1 个小时长的电视节目中每 12 分钟一次"。由此可见，观众对于夸张出屏效果的期待与作品类型有密切的联系。

此外，负视差区域的立体影像并不总是需要观众注目的视觉中心。平面的影视构图中常用的"关系镜头"或"前景遮挡"在负视差区域会形成一些需要观众"忽视"的陪衬影像。如图 1-15 所示，上图中前景的驾驶员和窗口、下图中画面右侧的男主角，都处于相对出屏的负视差空间中。由于视觉习惯，人往往会关注最靠近眼睛的影像，而且人眼的注意力中心、会聚点和聚焦点又是紧密相关的，也就是说，人眼习惯于将吸引其注意的物体放在视觉中心并且聚焦其上，以获得清晰的影像。如果处于负视差空间的物体稍有引人注意的细节或者运动，都会将视线吸引到其身上。在影视构图中，为了突出画面主体，往往利用景深对处于前景的陪衬物体进行模糊处理。此时观众将目光会聚到了前景陪衬上，但由于景深模糊使这些处于前景的陪衬物体无法被看清，因而引起观众眼睛的不适。因此，带有负视差前景陪衬物

图 1-15　处于负视差空间的陪衬物体

体的镜头,需要将前景物体尽量弱化,或提供更为有力的画面主体引导视线。如图 1-15 所示,上图中前景的亮度被压得很暗,几乎没有可以识别的细节,而处于零视差面附近的人物亮度充足且在运动;下图中前景的人物带有较明显的景深模糊,但其几乎完全静止,相比之下,处于正视差空间的女主角却拥有丰富的动作和表情,加之这是一组外反打镜头中的一个,观众的视线可以得到充分的引导,从而避免了关注前景虚焦的物体。关于视线引导的问题将在第二章第四节中详细讨论。

五、不安全的立体空间

不安全的立体空间是指在双目立体影像中可见但无法形成融像进而无法形成立体视觉的空间。造成所谓"不安全"的原因有正、负视差超过偏离角、双眼拮抗、立体画面对几何变形导致的画面边缘产生垂直视差等。

一般来说,立体影视作品的画面至少需要保持在"安全"的空间内。大部分作品还会考虑观看舒适性,从而将画面的立体空间限制在更严格的锥体空间内。我国针对立体电视的行业技术要求文件《立体电视直播技术要求》和针对立体电影领域的 GD/J 047-2013《数字电影立体放映技术要求和测量方法》中,均对立体画面的视差安全问题进行了严格的定义。立体电影母版技术审查环节虽然没有针对立体安全的规定,但是在立体打理阶段,制作方的立体监督(Stereographer)会非常小心地检查并修正不安全的立体画面。

虽然在创作中一般会避免使用不安全的立体空间,但是不安全的立体空间并不是立体画面构图的禁区。如飘落的雪花、快速滑落的灰尘、擦肩而过的子弹等,可以让很小的物体快速地从一个区域闪过,来营造非常靠近人眼的效果。[①] 如《阿凡达》《雨果》《生化危机》等影片中,均有物体从不安全

---

① 崔蕴鹏.立体影像创作[M].北京:高等教育出版社,2014:96.

的立体空间中闪过的画面。如图 1-16 所示，上图《阿凡达》画面中的一处燃烧的灰烬的负视差达到 4.5%，超过片中几乎所有正常物体的负视差；下图《雨果》的开场画面中，有的飘落的雪花的视差甚至达到了 19%，远远超过了可以形成融像的安全视差范围。这些物体体积很小、运动很快，从不安全的负视差空间闪过时并不会将观众的注意力吸引到自己的身上，从而避免了由于无法融像而产生的不适感。相反，这些"无意间"超过极限负视差的物体模拟了现实世界中的"不完美"，为观众营造了非常强烈的临场感。

图 1-16　不安全的立体空间中的物体

第三节　锥体空间的映射关系

一、立体影像空间的两次映射

人眼肌肉的会聚（辐辏）运动所产生的神经信号经过视神经和大脑的处理，作为视觉中心和聚焦位置的参考，驱动眼部肌肉进行对焦，经一级融像和二级融像处理，最终形成视差立体视觉。但对于立体影像媒介来说，上述过程只完成了一半。立体影像的拍摄（或者 CG 制作）如同创作者新建了一双特定的"眼睛"（立体摄像机对），并将这双眼睛放置在特定的空间内进行"观看"（立体拍摄）。但是"观看"所得到的影像，并不能直接输入观众的视神经和大脑中，需要将左右"眼睛"所"看到"的影像显示在一个特定物理显示媒介上，再让观众通过生理眼进行观看，进而形成立体视觉。在这个过程中有两次"观看"：一次是立体影像在拍摄时新建的"眼睛"对场景的"观看"（拍摄）；另一次是观众在物理观看环境中的"观看"，也就是立体影像研究中经常涉及的"立体回放"。第一次观看所产生的立体视差空间由拍摄使用的立体摄像机组（新建的"眼睛"）构建，也就是物理实际空间与所得影像之间的"第一次空间映射"；第二次观看，也就是回放，这时因为屏幕大小、观看位置不同会产生"第二次空间映射"。

（一）第一次空间映射

图 1-17 中的左图为第一次空间映射的示意图。P 是空间中的物体，立

体摄影机组 V_{L1} 和 V_{R1} 以 O_1 的瞳距、C_1 的会聚角进行拍摄。得到的图像中，物体 P 的上一点的视差为 D1。

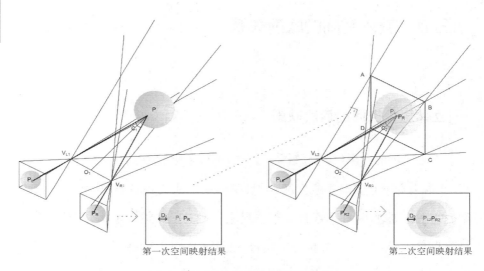

第一次空间映射结果　　　　　　　　　第二次空间映射结果

图 1-17　两次空间映射

　　无论是实际拍摄还是 CG 制作，无论采用何种摄影机或何种立体机架，第一次空间映射的目的都是通过立体摄影机组将立体空间记录到一对平面图像上。在研究立体影像的形成和进行立体拍摄的规划时，都常用到第一次空间映射的参数。由于摄影机组所采用的镜头、机背和记录方式不同，因此产生的立体图像视差也千差万别。在立体影像创作中，第一次空间映射的视差一般用左右画面中图像位置的差异占整个图像水平方向宽度的百分比进行描述。假设 D_1 的视差为正 2%，对于 1080 高清格式的图像来说，则意味着左右画面中该点的左影像在左侧，与右影像距离约 38 个像素。

　　影响第一次空间映射的主要是立体摄影机组的参数。如瞳距 O_1 对立体影像的整体强度具有较大影响，会聚角 C1 则决定立体画面的零视差平面位置，进而决定前景空间的压缩或拉伸关系。摄影机的镜头焦距不仅会像单机

平面拍摄时那样影响视场的角度和空间透视关系,还会影响图像视差空间的利用范围,进而影响整个立体图像对空间的压缩或拉伸。

第一次空间映射决定了立体影像的立体感基调。虽然后期也可以使用几何变形或光场算法(Optical Flow)对立体画面的空间分布进行调整,但从画面质量和制作效率方面考虑,还是需要在第一次空间映射时处理好立体画面构图,即画面空间的营造和位置关系的排布。

(二)第二次空间映射

图 1-17 中的右图为第二次空间映射的示意图。平面 ABCD 为物理显示屏幕,也是第二次空间映射的零视差面。P_L 和 P_R 分别是第一次空间映射拍摄得到的左、右立体图像,观众的双眼以 $V_{L2}V_{R2}$ 的瞳距观看立体影像,目光会聚在 ABCD 屏幕中心时的会聚角为 C_2。立体影像在观众大脑中进行二级融像后产生的视差为 D_2。第二次空间映射的结果为人获得立体视觉,所以对于视差 D_2,比较便捷的表示方式为屏幕上的绝对视差(如对于 IMAX 银幕,2% 的正视差约为 46 厘米),比较科学有效的表示方式则为立体影像在观众双眼中形成的视差角(如 1.4 度)。

无论是立体电影、电视还是立体电脑游戏,第二次空间映射的目的都是通过平面的物理显示为观众回放立体画面。所以作为立体空间最终呈现的形式,第二次空间映射的参数在研究立体影像的构图和回放效果时更加常用。然而,第二次空间映射得到的立体画面根据观看情景不同,会得到非常不同的立体回放效果。由于观看环境的不确定性,第二次空间映射的可控性较差,也极易受到各种外部因素的影响——主要是由屏幕的大小和观看距离所决定的视野角度。

一般的立体影像媒介,即使是以“大”著称的 IMAX 巨幕,其屏幕的视野

角度（约70度）也仍小于人眼的视野。此时屏幕的锥体成像空间是人的立体视觉锥体空间中的一部分。屏幕的视野角度决定了屏幕所能占据的立体视觉空间的大小。屏幕的视野角度越大，在观看距离不变的情况下，锥体构图空间的零视差面的面积就越大，也就扩大了负视差"出屏"空间的体量，同时扩大了正视差空间，减小了不安全的立体空间。反之，如高清3D电视的典型观看环境所占视野角度一般不大于20度，立体影像的锥体空间则变得"细长"，尤其是负视差空间，体量将会大大减小。

　　除锥体构图空间的截面面积不同外，不同大小的视野角度展现的同一来源的立体图像内容的屏幕视差强度也不同。如第一次映射得到2%的正视差，对于视野70度的IMAX观看环境来说，产生的视差角为1.4度（1°23′60″）；而对于视野20度的3D电视来说，产生的视差角只有0.4度（24′）。巨幕所采用的更接近正方形的宽高比在垂直方向的视野优势更为明显。图1-18是IMAX公司印度和东南亚公司销售总监皮塔木·丹尼尔在对比普通银幕（灰色）和IMAX银幕（白色）垂直方向视野时所采用的示意图。两个三角形也可被看作是两种回放环境中负视差空间的纵截面对比。

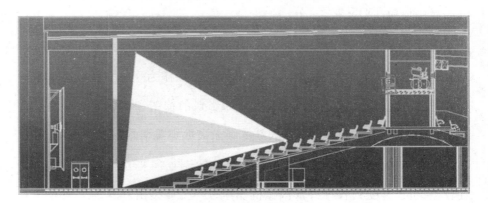

图 1-18　巨幕与普通银幕的垂直视野对比[①]

---

① Preetam Daniel. Experience it in IMAX[R].2011.

对于影像角度等于或超过人眼视野的立体影像媒介来说，基本变化规律仍成正比，但由于屏幕的变形、画面的畸变等原因，画面边缘的变形则较为复杂。由于人眼的立体视觉锥体空间相对有限，因此在视觉轴线与画面轴心线基本重合的情况下，能实现对人眼立体视野的完全模仿。如 Oculus Rift 等 HMD 类设备通过加速度仪等实现了对人头部运动的实时跟踪，从而完整地模仿了人的立体视觉，营造出虚拟现实的沉浸感。

除物理画面占观众视野的角度外，观众的视线光轴与画面中心轴线的对齐程度也会影响立体回放的质量。此问题对于立体电影回放来说，较为明显。坐在影厅两侧的观众所看到的零视差面与视觉成像面并不平行，但此时零视差面所显示的图像的位置在立体空间中不变。在正、负视差较大的区域，立体锥体的地面与顶点的连线变得倾斜。虽然这不会让人产生强烈的空间扭曲感，但会产生如同立体摄像机通过平移感光器实现离轴会聚时的不对称形态。同时，为了获得更高的边缘锐度，影厅大银幕往往采用弧面的形态，导致变形更加不规则。

（三）两次映射的结合

由于人眼的立体参数和立体感是确定的，理论上，两次映射都是以人眼为准，两次空间映射参数相同，从而真实地重建拍摄空间的立体感，实现临场感的最大化，即如果两次空间映射的锥体空间完全重合，则能够完美地再现拍摄时的物理空间。但实际上，在创作立体影视内容时，人们很少这样去考虑。一方面是因为客观条件不允许，另一方面是因为不符合艺术创作的要求。

在第一次空间映射过程中，立体参数的设定就难以保持与人眼的参数相同。虽然人的瞳距等生理参数相对固定，无法像立体摄影机组一样调整

瞳距或者变焦，但是人眼看到的范围极其广阔。用立体影像安全性计算的公式套算，人眼的生理立体视觉应当经常出现正、负视差超出立体安全范围或者无法正常融像的情况。但无论是近距离观看细小的物体，还是远距离眺望开阔的自然风光，人眼的立体视觉都能保持自然、顺畅，并无任何类似观看立体电影时产生的不适感。这是由于大脑自动校正立体视觉信息的机制对于人眼这一光学器官的特性已经经过后天"适配"和"忽略"，因此可以通过眼睛获得舒适、有效的立体视觉。

而人眼在通过屏幕回放观看立体影像时，可能无法"适配"摄影机拍摄的画面，人眼的视觉中心与影像的视觉中心不一定重合。上述不符合立体安全的图像就会使人产生强烈的不适感。在第一次空间映射时，为了保证所得到画面的立体安全性，就不得不对空间映射进行调整。一般情况下，常配合使用缩小摄像机对瞳距、减小镜头焦距和减小会聚角这三种方式，将所拍摄的空间控制在锥体空间的安全范围之内。此时空间的映射关系就有了挤压或拉伸变化。

在进行艺术创作时，影像媒介虽然具有与人的立体视觉十分相似的原理，但它绝不是单纯以模仿人的立体视觉为目的。创作者会根据其主观意愿对影像进行重组。最典型的例子就是曝光。虽然创作一线使用的先进的数字摄像机的宽容度已经可以轻松达到单轨 12 档光圈，HDR 摄像技术也日益成熟，但是"切割"（削峰）、"挤压"（曲线）和"重组"（配光）一直是处理光影、色彩的主要手段，其目的是重现主观的"真实"画面。对于立体空间来说也是如此。虽然重现物理的立体空间不是不可能，但对于立体影像艺术作品来说既无必要，也不合适。资深立体摄像师克里斯·帕克在谈到立体重建空间时表示："有时候我们会努力还原真实世界的感觉，有时候会将现实空间扭曲，有时候为了故事或观点的传达，我们会故意制作出不真实的效

果。"虽然相比于影像媒介对光影的处理,立体影像对空间的艺术化处理还处在探索阶段,但可以肯定的是,立体空间的主观创作在影视艺术语言中是有其对应的语义的。①

二、两次空间映射的关系

在时间上,两次空间映射是先后发生的。第一次空间映射时,物理空间映射到左右图像对中,第二次空间映射时,左右图像对显示在物理平面上,映射到观众左右眼中形成屏幕空间,从而实现了从物理空间到屏幕立体视觉空间的转换。为了分析方便,我们可将两次映射嵌套在一个锥体模型中进行关系分析。图 1-19 是以第二次空间映射为基础,将第一次空间映射(包括立体拍摄和后期调整)的影响体现在同一个锥体构图模型中的形态。

我们以成像时从后向前的顺序分析影响立体影像立体感的因素。首先是观众的生理双眼。虽然人的立体视觉基本接近,但与视力度数等类似,立体感灵敏度存在着个体差异。立体感灵敏度是感知最小视差角的度数,正常的数值在 30—40 秒角左右。② 在锥体空间中,人眼立体感灵敏度对整体的空间形态并没有太大影响,主要影响立体影像空间中的"分辨率"。与人眼对色彩的分辨率相比于对明暗的分辨率较低这一特性类似,人眼对立体感的分辨率要低于对明暗、色彩的分辨率,对立体感的敏感程度也远远低于对形状和图案的敏感度。观众立体视觉的另一个主要差异在于瞳距的区别,即锥体模型中的 $V_{L2}V_{R2}$。但由于生活经验使大脑对双眼的"适配",加之瞳距差异一般仅在 10% 以内,因此它对立体感知的影响不大。人眼瞳距的差异主要影响 Oculus Rift 等 HMD 类设备的光轴适配问题。

其次是物理屏幕占据视野的角度和比例。在上文中我们已经讨论过,

① 关于主动利用锥体构图重构立体影像空间的问题将在第三章中详细讨论。
② 杨少梅,江翠平.双眼视觉——正常人的双眼视觉[J].眼科学报,1987(2).

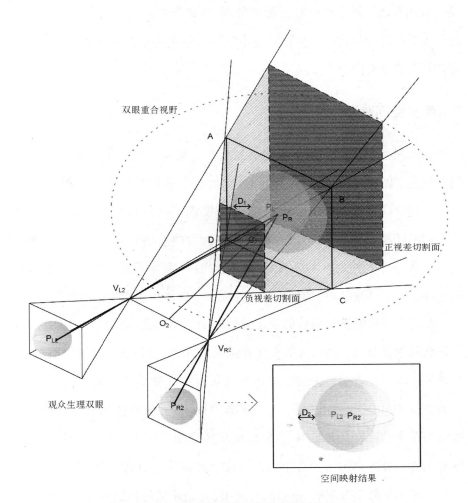

图 1-19　锥体构图模型中的空间映射关系

这是第二次空间映射中的主要因素之一。在图 1-19 中,与矩形 ABCD 处于
同一平面的虚线椭圆示意了此观看环境下的双眼重合视野。矩形 ABCD 的
横边 AB、纵边 BC 与左眼或右眼的光学中心 V_{L2}、V_{R2} 的夹角即水平和竖直方
向上的屏幕视野角度。矩形 ABCD 与双眼重合视野的面积比则为物理屏幕
占有视野的比例。对于物理屏幕的视野角度大于人眼的视野角度的情况,
则一般以水平和竖直的中心线作为计算角度和比例的对象。

再次是正、负视差切割面。这两个假定的面是由第一次空间映射所设定的最大正、负屏幕视差（Depth Budget）决定的。这个概念还常被称为"深度预算"和"立体深度范围"。为了保证安全和舒适，最大屏幕视差往往选用小于视差安全范围的数值，并根据需要浮动。例如 Sky TV 立体电视台的自制立体电视节目的最大正、负视差是 2% 和 -1%，比较保守的电影的最大正、负视差是 0.5% 和 -2%，巨幕电影的最大正、负视差是 0.2% 和 -2.5%。实际上，在立体安全控制时，人们会使用比上述数值大得多的控制阈值（如 5% 和 -4% 等）。

最后是正、负视差切割面之间锥体空间形成的体积。这个空间范围是立体影像 PLPR 所能利用的空间。这个空间是第一次空间映射所拍摄的物理空间最终占用的视差空间，也是空间映射的目标区域。这个空间本身的体积根据正、负视差切割面的变化而不断变化，但始终不超过安全视差范围，更不可能超越最大锥体的体积。如果说黑白平面电影是将现实世界中的光影有选择地切割、压缩到放映机的亮度空间中，那么立体影像中的这个空间就是对现实世界空间的切割、压缩。小到一粒玻璃珠的空间，大到宇宙银河，无论现实世界物体的实际体积如何，均需要在这个空间内形成映射。这也是立体影像创作时立体维度上的"画框"，同时也是创作者（摄影指导和立体指导）需要主要考虑的对象。关于空间的营造和体积圆度的问题将在第二章中详细讨论。

三、锥体构图空间边界的固定性

前文所述的空间映射关系中，主要体现了锥体空间与现实空间的映射关系。与平面的摄影、摄像相似，在第一次空间映射时，锥体构图空间的边界也对现实空间进行了切割。切割空间的深度范围由前文讨论过的正、负

视差切割面决定，而切割现实空间的广度则由拍摄的镜头视角（FOV）决定。17毫米的镜头视角约为104度，而100毫米的镜头视角则只有24度。一旦选定镜头焦距，经第一次空间映射后，立体画面的空间四周边界就会被确定下来。这是锥体构图空间边界的第一个固定性，与平面拍摄相同。

在第二次空间映射中，立体图像所占有的立体深度区域在正、负视差切割面之间，而其所占有的空间四周边界，是由物理屏幕占有视野的角度所决定的。也就是说，由于图像的面积不变，即使拍摄时采用了不同焦距的镜头、产生了不同广度的空间切割，最终回放所占用的立体空间四周边界也是不变的。这是锥体构图空间边界的第二个固定性，平面拍摄时不涉及这个层面的固定性。

在拍摄不同景别的镜头时需要使用不同焦距的镜头来切割不同宽度空间，并形成不同松紧程度的透视。这是影视构图中最基本、最常见的空间构图手段。人眼在平面矩形屏幕上看到不同焦距镜头拍摄的画面，不会因为连续画面中不同的空间关系感到异样，相反，会将其作为一种约定俗成的空间线索。然而，由于锥体构图空间边界的固定性，需要慎重考虑这种手段。立体舞台纪录片《皮娜》的立体总监维姆·文德斯在谈到使用不同焦距的镜头拍摄立体画面时说："通常情况下，一套立体支架会装备一种焦距的镜头，另一套装备另一种焦距的镜头，我们会同时使用两套设备。但是我还是感觉当我们只使用一种焦距的镜头时，剪辑和空间变化时眼睛更为舒适。"[1]这种不同焦距镜头之间相接造成的不连贯，很大程度上与不同空间广度压缩到同一锥体空间内密切相关。但同时，空间边界的矛盾关系也为制造特定观感创造了可能。[2]

---

① PENNINGTON A, GIARDINA C. Exploring 3D: the new grammar of stereoscopic filmmaking[M]. Focal Press, 2013:79.
② 可参见第三章第二节内容。

　　为了获得自然的锥体空间边界,我们需要参考特定观看环境的屏幕视野宽度。对于 IMAX 立体观看环境,屏幕的视角约为 70 度,如想按照 1∶1 的空间边界显示现实世界,则应采用 28—35 毫米的摄影镜头拍摄立体画面。实际创作情况与此推论相吻合。资深立体摄像师克里斯·帕克在谈到立体构图时说:"由于较为广角的镜头能够拍出最好的、最有感染力的 3D 效果,因此即使在拍摄特写时,我们也使用广角镜头而不是换成长焦镜头。"而屏幕视角约为 20 度的立体电视则对 80 毫米以上的长焦镜头并不排斥。

　　锥体构图空间边界的固定性不仅影响了不同视角之间的映射关系,更重要的是,其严格划定了立体影像的显像空间。任何锥体之外的区域均不能产生影像。但这种限定往往在有关立体电影、电视的广告效果图中被打破。如图 1-20 所示,上部为原广告效果图,下部是根据锥体构图空间边界的

图 1-20　广告宣传中的立体效果与实际情况

固定性所得到的实际显示区域。由于在平面图中无法用视差的方式体现立体感，因此广告效果图采用的是空间遮挡关系这一非视差立体线索。这种"突破画框"的立体感强烈的线索，在以视差线索为主的立体电影中也有使用。如图 1-21 所示，*G-Force* 中利用画面处于前景的物体（如飞虫、玻璃球）突破遮幅，展现出强烈的出屏立体感。

图 1-21 利用突破遮幅展现强烈的出屏立体感

第二章　锥体空间与立体感的营造

第一节　空间感和距离的营造

"立体感"立体影像媒介是受到最多关注,同时也是受到最多批评的。具体来说,立体感包括空间(距离)的营造和物体圆度的营造这两个主要方面。从整体上考虑,立体感虽然不是可以量化的数值,但可以被认为是立体影像最重要的质量指标。在自动化程度较高的数字立体拍摄设备、功能强大的立体校正软件和精准的数字立体回放设备的保障下,立体影像质量方面的主要问题已经由获得校正精准、二级融像正常的立体画面,跃升到了营造体量合适、观感舒适、对故事的叙述和情感的传达具有促进意义的立体画面上。这就涉及锥体空间的一个核心问题,即锥体空间的使用问题。第一章第三节从功能性的层面讨论了锥体空间与物理空间的映射关系,本节主要讨论利用锥体空间营造立体空间的方法,进而将锥体空间的利用向立体画面"构图"推进。

一、画面的非视差深度线索

视效总监罗勃·莱加托在谈到空间营造时说:"2D 画面是三维空间的

平面呈现,所以深度和弧度都是通过线索暗示的。"事实上,即使不是立体电影,没有视差作为立体线索,仅通过一些平面的画面线索也能营造出卓越的立体感。不仅电影,在真正意义上的立体影像技术出现之前,绘画、摄影、电视等几乎所有的视觉媒介都在用相似的手段来营造立体感。在这些营造立体感的手段中,有些是数千年来人类通过对看到的立体世界进行观察和模仿所积累起来的习惯,有些则是通过对人的视觉原理的分析,故意制造出来的假象,还有的是对镜头光学特性的模仿。无论是习惯、假象还是模仿,这些非视差的立体线索都已经成为观众观看画面时习以为常的因素。当看到这些画面线索时,观众会不假思索地接受非视差线索所体现出的画面空间关系,在意识中将平面的画面理解为立体的空间。

即使对于视差立体影像,这些线索也依然有效并且依然是营造空间的重要手段。笔者在《立体影像创作》一书中曾用一整章的篇幅对非视差线索的特性进行讨论。对于要进行立体影像创作的人来说,这些营造纵深感的"习惯"和"手段"是宝贵的财富。在创作实践中,视差立体因素与这些非视差"线索"相比往往只是冰山一角。也可以说,这个分析传统视觉媒体的过程,是在对立体影像技术进行铺垫和定位。[①] 利用非视差线索营造空间,不会涉及锥体空间的额外使用问题,同时也不会引起立体安全性和舒适度的问题。这对于一些视差立体难以表现的空间关系具有非常重要的意义。但是如果过度依赖非视差深度线索,则会导致立体画面过于平面化。

（一）透视关系

通过画面表现的透视关系获得空间纵深和物体位置关系,是美术和摄影艺术的画面空间表现中最基本、最直接也是最常见的线索。实际上,"透

---

① 崔蕴鹏.立体影像创作[M].北京:高等教育出版社,2014.

视"作为美术术语,本身就有"研究物体空间关系的视觉科学"的含义。在传统美术作品和摄影作品中,透视关系几乎是画面空间关系中唯一不变的线索。艺术家在构造画面的时候,首先就要确定好画面的透视关系,给画面上的所有物体、光影和细节提供空间分布和变形的基本指导。通过对"近大远小"这一透视基本理念的感性认识,视觉从原始阶段就开始利用这个线索来判断纵深和位置关系。而这种判断无论是通过单眼、双眼还是复眼,只要是从单个位置点进行观察就都有效。尤其是当画面上存在体积连续变化的物体、带有相似纹理的物体时,可以提供很明确的透视关系线索。

图 2-1 《了不起的盖茨比》中利用透视关系营造空间的场景

立体影像媒介中对透视线索的利用也处于最基础、最重要的地位。如立体电影《了不起的盖茨比》的导演鲁赫曼就十分注意搭景时制造足够多的深度线索。他要求凯瑟琳·马丁(制片人兼艺术总监、服装设计)在拱廊、廊柱和其他在空间中多次重复出现的物体的布置上多下功夫,以便让观众的

眼睛能够捕捉到足够多的空间线索,从而快速地理解故事发生的空间和表演所在的位置。无论是在室内还是室外,建筑、植物和装饰物的连续变化都会为画面增添有效的空间感。对于立体画面和2D画面来说,这种空间线索都十分有效,且非常自然。

(二)遮挡关系

除透视关系外,提供纵深线索的另一个主要方式是前后物体之间的交叠和遮挡。这种纵深线索所体现的纵深感往往是"平面化"的,空间中的物体像一个个平面一样前后遮挡。所以虽然整体纵深感可以得到体现,但是单个物体的立体感却会相对缺失。类似的现象在我国传统绘画中经常出现。例如著名的《清明上河图》,它利用散点透视的方法,营造了极为宽广的画面。画面的前后空间关系主要由前后物体之间的遮挡来体现。但这种超长的画幅不适合使用焦点透视法。

图 2-2 《清明上河图》的空间营造效果

虽然散点透视与焦点透视的画面构成方式不同,但在立体影像创作中,两者都可以利用视差营造出真实的立体感。对于一般的立体电影、立体电视画面来说,焦点透视所营造的透视变化更加常用;而对于偏向动态图形设计、异形银幕放映的作品来说,中国画中的散点透视构成方法则具有较高的借鉴意义。在这种情况下,遮挡关系作为空间关系的主要线索,就显得尤为

重要了。但是在立体影像创作中,对遮挡关系的处理需要格外小心,如果处理不当,会造成画面"平面化"、视差矛盾或边缘"串扰"等问题。

(三)光影和色彩

在摄影和电影、电视创作中,用光来塑造形体、展现空间是照明艺术的核心问题。光影和色彩对空间和形体的塑造是一门相对独立的"造型艺术"。从黑白影像时代开始,创作者已经积累了丰富的经验,可通过光影打造复杂的纵深和圆满的形象。彩色影像为画面增加了新的维度,为在平面的影像中制造空间感提供了有力的手段。

在视差立体领域,1989 年,一篇关于阴影产生体积感的文章在美国《光学学会期刊》上发表。文章作者用两幅在透视上没有区别的照片,仅通过阴影的变化就让人产生了立体感。作者还展示了不同时间拍摄的月球照片,靠月球自身的光影变化展现出月球表面丰富的立体细节。这种通过光影关系产生的立体感,与上述光影对形体的塑造有不同之处,被归为特殊的"阴影立体感"①。这种纯粹的空间因素从一个侧面证明了极端情况下光影在立体感营造中的重要作用。

色彩作为平面和立体画面通用的深度线索,在直接拍摄立体画面时会被作为营造空间感的重要线索加以利用。例如,《雨果》的摄影师罗伯特·理查德森将带有纯蓝色滤色纸的钨丝灯吊在布景的高处,同时使钨丝灯环绕在布景周围,用不同色温的光照亮场景,这样就可以利用冷暖的差异,突出场景中物体的纵深感(见图 2-3)。

---

① MEDINA A. The power of shadows: shadow stereopsis[J]. Opt. Soc. Am. A 6(2): 309-311. 1989.

图 2-3　《雨果》中利用光影对场景分区营造深度的图片

（四）大气效果

一般来说，雨、雪、雾等在影片拍摄中被归为"大气效果"，也被称作"气象效果"。由于水、尘等可以在空间中均匀分布，因此通过灵活控制大气效果的浓度，可以暗示甚至直接制造纵深感。比如《雨果》开头的大范围运动长镜头，在原本的设计计划中并没有安排下雪，但当视效总监罗勃·莱加托制作了预览动画后，他决定在画面中添加飘舞的雪花。"雪会将观众带入故事的奇妙气氛中。我们都认为雪能增强三维空间真实感。"（见图 1-16）实际上，大远景自身的视差变化较小，本身立体感就不够强烈，而空间中均匀分布的雪花可以补充立体感的缺失。此外，《了不起的盖茨比》的摄影指导赛门·杜根也曾表示："雪、雨、飘舞的落叶和烟雾等天气和季节变化在故事

讲述中起到了重要的作用,同时也增强了空间感。"①

空气中弥漫的灰尘、烟雾虽然并不抢眼,但可以起到强调光线的体积感、增强画面中空间层次的作用。烟雾和弥漫的灰尘还会吸收远处物体色彩的饱和度,从而凸显前景物体。立体摄像师德米特里·伯特利就曾经表示:"通过放白烟增强空气感,我们可以描绘出光线的形状。"在《雨果》的大纵深画面中,也常出现稀薄的蒸汽。对于立体画面来说,由于大气效果容易均匀分布在锥体空间的整个纵深范围内,因此它常被用来填补物体间距离较远的空间空白,使视差变化更加连续,减轻立体空间的跳跃感。

图 2-4 《雨果》中用空气感增强深度的场景

---

① PENNINGTON A, GIARDINA C. Exploring 3D: the new grammar of stereoscopic filmmaking[M]. Focal Press,2013:186.

（五）景深

景深是摄影机等光学成像设备非常重要的参数。由于人的视觉常将注意力中心与焦点绑定，因此人眼是几乎忽略景深现象的。然而在影视作品中，景深是一种非常重要的画面技巧，画面通过景深效果十分清楚地告诉观众应该注意的主体在哪里。同时，它也暗示了画面空间的基本关系——从模糊程度的变化可以推测出物体之间空间位置的变化。焦点位置如果发生变化，画面所强调的主体位置和空间感就会随之发生显著的改变。

图 2-5　《阿凡达》中景深明显的特写镜头

由于景深效果具有突出主体、虚化背景等功能，因此影视创作者非常重视景深的使用。为了获得较浅的景深，可更换光圈更大的镜头，甚至使用移轴镜头。但需要注意的是，景深除了能突出主体外，还有提供空间关系线索的功能。过于明显的景深模糊会大大减小画面所表现的空间的体量，消除被摄物体的体积感。

在立体影像创作中，景深是确定画面主要视点的重要手段之一，但也要

慎用,需要在综合考虑各种因素后进行景深的设置。此外,前景模糊的画面如果出现在立体画面上,会让人产生较为严重的阻塞感和眩晕感。本书第一章介绍负视差空间时对此问题进行过讨论。

(六)次表面散射

次表面散射是光线射入物体内部发生散射后,人们从表面观察到的效果。日常生活中的蜡烛、玉石、肌肤等均具有这种特性。人通过生活经验后天习得了通过次表面散射估计物体体积的能力。在其他体积线索不变的情况下,次表面散射效果明显的物体,体量会显得较小。这种现象在 CG 制作中已经得到了普遍重视,但被过度使用了。

(七)声音

作为眼睛之外的另一个重要的感官,耳朵本身就具有空间感知的能力。影视的声音系统从单声道、立体声到环绕声、多平面立体声,正在由平面走向立体。尤其是近年来兴起的 Dolby Atmo、DTS Neo X 和巴可 Auro 3D 技术,已经在声音的制作、储存和回放方面为多部影片制作了沉浸式的多平面立体声,也在影院建设中占有了一席之地。音效设计师、声音剪辑监督艾瑞克·奥达尔说:"当你将能够进行更精确的混音的杜比 7.1 环绕声与立体画面结合起来之后,整体效果会通过声学心理的方式促进大脑和眼睛更好地协调。"声音作为营造空间感的手段不在本书的研究范围之内,但声音作为强烈的空间线索,对于画面构造的空间具有印证、强调和拓展的重要作用。

二、锥体空间的不对称性

在非视差空间线索的基础之上,利用视差形成锥体空间是立体影像媒

介的独特手段和应用重点。对于锥体空间的构成和基本特性,前文已经进行了讨论,这里将进一步探讨在营造空间感这一核心问题上,锥体空间所具有的特性。

（一）锥体空间与物理空间的不对称性

首先需要澄清的是,物理空间中的广度与视差锥体构图空间中使用的广度并不存在线性比例关系。这一特性与物理光线的亮度和画面的亮度不存在线性比例关系类似。如在曝光控制方面,对于现实中亮度很高的白天外景和亮度很低的夜晚内景,白天外景使用的画面亮度空间可能并不比夜晚画面亮度空间更靠近亮度曲线的肩部,其整体的动态范围也不一定比夜晚画面大。对于视差立体画也是如此。对于所要表现的物理空间广度很大的场景,如远山或宇宙空间,所占用的锥体空间不一定大于物理空间广度较小的人物中景画面。相对于视野占有率极高的头戴式立体显示设备、球形银幕设备等特殊影像媒介,这种不对称性在有限画框的立体影视媒介中表现得更为明显。

第一章中讨论第二次空间映射和锥体构图空间边界的固定性时曾论述过,锥体空间作为观众观看时确定的空间范围,是通过受观看环境所影响的画面视野范围等因素确定下来的,即观众看到的锥体空间体量是固定的。尤其是零视差面附近的空间,在锥体构图中的使用频率最高,受画面视野范围的影响也较大。立体影像需要在可用的锥体空间的子集中进行空间营造。这就需要创作者有意识地将所要表现的空间安排到相对固定的锥体空间内。这也是立体影像创作中重要的"深度预算"（Depth Budget）环节的主要目的。

图 2-6 是立体电影《阿凡达》中一场戏内表现的两个不同空间。左图

广阔的物理空间可达千米级别,但其仅使用了从-0.73%到0.96%这一狭窄的锥体空间;右图主体处于数米之外,其背景与主体的距离约为百米级别,而其使用了从-0.73%到1.88%的锥体空间。由此可见,视差立体画面所占的锥体构图空间与其所表现的物理空间广度并不构成正比例关系,而是与画面内的前景物体与背景物体之间的视差的比值成正向关系。物理空间的深度,就是画面中最远物体和最近物体的距离与整个画面空间范围之间的比值,即画面中表现的物理空间越远,物体间的距离与摄像机的距离之比越小,其体现的视差差异就越小,在锥体空间中所占的比例就越小;反之,画面中表现的物理空间越靠近,物体间的距离与整个空间相比则更加明显,视差所起的空间构造作用就越明显,画面在锥体空间中所占的比例就越大。

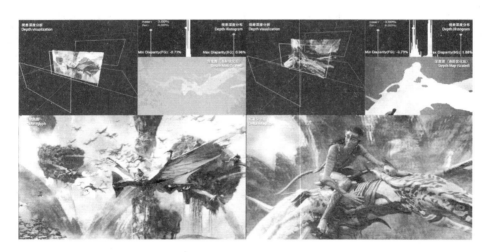

图 2-6　两个不同镜头所占用的锥体空间对比

这一空间关系与亮度的绝对照度和动态范围之间的关系类似。对于构造画面的亮度空间来说,动态范围的重要性要高于绝对照度;对于构造画面的立体空间来说,物理空间中前后景的距离与整个空间距离之比的重要性,

要高出画面中物体在物理空间中的绝对距离。锥体构图的这一特性将在本章第二节有关空间体量的讨论中进一步体现。

(二)锥体空间内部的不对称性

除了锥体空间的整体范围与所表现的空间范围不对称之外,还存在内部视差与影像空间距离变化的不对称。负视差空间从 0 到 100% 所对应的锥体空间是显像面到观众双眼前安全范围的极限距离,而正视差空间从 0 到 100% 所对应的锥体空间是从显像面到无限远之间的距离。同样的视差,在负视差空间内出屏的距离要小于在正视差空间内入屏的距离。这就意味着,具有相同深度的物体在从正视差空间的远处经由零视差面向负视差空间移动时,其形体会经历一个从扁平到拉伸的过程。在立体影像创作中,"圆度"这一概念被用来描述锥体空间中所形成的立体影像与物体本身体积感的关系。能否营造合适的圆度,是立体影像空间中除营造空间感之外另一个重要的问题。本章第三节将专门讨论圆度。

三、锥体空间构图的重新安排

影像媒介由于其"照相性",往往被认为是现实世界的真实反映。但对于立体影像来说,如果立体摄像机使用同人眼一样的"参数"展示现实世界的视差,那么得到的往往是不舒适甚至不安全的立体画面。根据深度预算精心打造的锥体空间作为物理空间的映射,可安全地通过屏幕展现无法安全形成立体画面的广大空间。但是,空间的映射以整体压缩为主,形成的立体画面虽然安全,但是往往缺乏立体感和感染力。

由于锥体空间的不对称性,迪士尼动画工作室的立体监督在制作立体 CG 动画片《长发公主》(*Tangled*,2010)时发现:如果主角靠近摄像机,其立

体表现力会由于会聚的增大而加强。但是这一变化过程会使镜头中的背景立体感过强甚至处于违反双目辐辏的不安全状态。为了获得安全的立体画面，一般的做法是压缩画面的整体立体空间。但是迪士尼开创了新的方法：使用特殊的立体摄影机组合，对前景和背景分别进行不同的空间映射。在保证前景有足够的圆度的同时，使背景的立体感处于安全、舒适的状态。这一方法十分奏效，以至于迪士尼动画工作室将其提供给了皮克斯工作室，后者在其 CG 动画电影的制作中也使用了这种方法。

在制作立体 CG 动画片《超能陆战队》（*Big Hero 6*，2014）时，皮克斯工作室的渲染技术团队将这一理念向前推进了一步，开发出了可以根据距离来"折射"光线的 CG 摄像机。这一做法的初衷是在一次渲染中通过判断距离改变一个光线跟踪取样点在左右立体摄像机组中的映射位置来获得不同的立体效果，而不是根据深度将场景切割成多层后分别进行渲染。在《超能陆战队》中使用的这种技术是通过设置一个阈值来控制开始"折射"的距离值，但这仅仅对锥体空间中存在较大"空隙"的镜头时奏效，用于视差连续变化的空间则会产生生硬的过渡效果。而后者在立体影像空间营造中是相对常见的空间安排。为了应对这一问题，制作团队改进了渲染工具，使得前景和背景的立体设定可以平滑过渡。这种方法受到了制作团队的欢迎，立体效果也得到了观众的认可。

对于实拍的立体画面，重新安排锥体空间构图远比 CG 制作复杂。对于立体拍摄的画面，通过类似光场算法得到立体画面对的差异信息（Disparity）后，可以通过对一段空间差异信息进行重新映射得到在深度空间中重新安排物体位置的效果。然而，通过自动计算得到的差异信息往往难以准确判断前后景间重合的边缘，往往需要繁重的手动描摹（Rotoscope）将物体的轮廓进行分离。此外，由于实拍画面无法像 CG 画面一样取得被遮挡部分的信

息，人工补画出干净的背景（Clean Plate）也是必要的流程。这一工艺与 2D
转 3D 的工艺类似，基本原理为通过分析现有画面生成一个新视角的画面。
这需要巨大的人力成本。

　　图 2-7 展示了一个通过 Emotion 3D SSX 插件对立体画面的锥体空间进行
操纵的案例。上图为《少年派的奇幻漂流》中的立体镜头，经过分析差异信息，
在基本不改变左侧角色近景空间的情况下，将处于中间和背景的老虎和人物
在锥体空间内向前移动，使原本处于负视差空间的老虎移动到零视差面附近。
可以看到下图的结果画面基本达到了预期。但由于视差空间的挤压，左侧近
景角色的头发边缘和右侧老虎的胡须边缘都出现了明显的细节缺失或水纹扭
曲现象。左侧原素材上的浮动立体窗口也没有得到正确的处理。

图 2-7　通过算法重新安排锥体空间

第二节　锥体构图与空间体量

一、小体量空间的营造

　　空间体量是相对的。这里所说的小体量空间是指第一次空间映射的锥体空间小于人眼在观看约1米以内物体时双眼锥体空间的情况,近似日常生活中的"近观"或者"仔细端详"的状态。在景别上,这个空间与影视构图中的"特写"和"近景"所对应的空间类似。特写作为一种与人眼正常空间感知不同的特殊景别,在平面的视听语言中属于较为极端的一种景别,其放大的形体和夸张的细节可以起到强调信息、传达强烈情感的作用。

　　在日常生活中观看这个空间区域的物体时,人眼的立体视觉是非常突出甚至夸张的。对于圆形或柱体的物体,由于左右眼看到的物体表面有所

图 2-8　强调画面内容细节的小体量空间营造

不同,因此双眼拮抗难以避免。同时物体外的背景正视差往往处于远远超出安全区域的状态。但是,人的视觉系统能够忽略无法融像的部分,甚至利用双眼拮抗获得强烈的体积感。然而,在立体影像的锥体空间中,将小体量空间映射到观看环境的空间,在特写镜头本身的强调作用之上,又叠加了一层体量的放大作用。如不加以控制,则容易使空间营造失去平衡,产生立体跳出感。所以在营造小体量空间时,需要着重考虑空间映射时的压缩作用,谨慎地使用锥体空间。

对于重点在于展示物体的细节而不在于营造空间的小体量镜头,比如,当展示书本上的图文、物体的纹理或人物面部的细节时,锥体空间的使用是最为有限的。一般立体拍摄(第一次空间映射)时,通过半反射立体机架减小视差以保证二级融像能够正常进行。这样做的代价是大大削减了画面中物体的圆度,使锥体空间扁平。这种做法同样适用于镜头时长较短的情况,以避免由于来不及适应空间变化而影响演员表演的问题。减小空间体量还有助于观众将注意力集中在理解画面内容而不是探索画面的空间上。这一作用与特写镜头的强调目的相契合。如图 2-8 所示,这些画面如以正常的立体模式靠近拍摄,物体自身的体积就可占有锥体空间中很大的部分。但这些画面均不以营造空间为主要目的,左上图强调的是饼的纹理,右上图强调的是角色的表情,左下图强调的是受伤的皮肤和密集的书写,右下图强调的是宝石的形态。所以这些画面的总视差都控制在了 1.5% 左右,整个画面都被拍平在零视差面附近。

对于主要目的在于渲染空间的镜头,如表现空间中小物体位置的镜头、表现体积差异的镜头,则需通过适当的视差营造一定的空间感,但深度预算与直接按正常模式进行立体拍摄时相比大大减小。在适当的视差立体感基础上,画面往往通过景深等非视差因素来营造空间感,或者以纹理的透视变

化来营造相对体积感。如图 2-9 所示,这些画面需要展示的不仅是画面主体本身,还需要体现画面主体的体积关系(左上、右上图)及其所处的空间(左下、右下图)。所以这些画面所占视差空间的比例相对图 2-9 中强调画面内容的镜头有所增加,甚至出现了如左上图使用从 -0.66% 到 3.70% 这一较大范围的锥体空间的特殊情况。

图 2-9 强调渲染空间的小体量空间营造

二、中等体量空间的营造

这里中等体量空间指的是第一次空间映射的锥体空间与人日常生活中常见的立体空间相似,主体距离在 2 至 10 米左右的空间范围,对应平面矩形构图景别中的中景、全景。这个区域的空间也是人眼立体感最常用的部分。在日常生活中,这个区域的立体感丰富而安全,且立体线索主要来自细腻的视差。在锥体空间的营造上,对这个区域的空间需要安排足够丰富的视差变化,同时观众对于这个区域内画面主体圆度的期待是最高的,因此需尽量

避免过度压缩锥体空间，以免出现立体影像创作中常提及的"卡片感"问题。但同时，当这个区域的空间映射到锥体空间中，也是弹性较大、具有较高表现力的空间。或拉伸、或挤压，这个区域的空间营造或许会成为锥体空间画面语言的重要舞台。

对于一般叙事段落，中等体量空间的营造通常以正常的视差关系为基础（如图 2-10 所示）。此画面选自 RealD 出品的立体舞台剧电影《卡门 3D》（*Carmen 3D*，2011）。该片力求通过立体银幕还原舞台的空间感，在立体空

图 2-10　中等体量空间的自然营造

间内体现舞台调度等平面影像所难以表现的内容。图 2-10 的画面是乐队在乐池中演奏《卡门序曲》的镜头。这是一个非常标准的锥体空间构图：画面主体——指挥，处于零视差面附近；前景的乐池边缘和观众的膝盖处于负视差空间，在画面上处于左下角，在不吸引观众目光的情况下提供前景空间关系；背景的乐队处在正视差空间内，乐队本身呈扇形排开，在锥体空间内形成自然的连续过渡。此画面的视差范围是 -0.44% 到 1.51%，这也是中体量空间常用的区段。从视差深度分析的三维点云可以看出，画面对于物理空间的还原真实、恰当，营造出舒适的临场感。此外，此镜头时间长达 40 秒，从观众席前端以摇臂缓慢运动到乐池上方右侧，非常扎实地营造了乐池这个空间。图 2-10 所选取的是整个镜头中间段的一个画面。

由于中等体量空间对应着表演主要发生的景别，对于具有强烈情感诉求的镜头，中等体量空间往往会根据情感的走向主观地制造空间深度。如紧张、激烈的情感对应相对拉伸的空间，平淡、困苦的感情对应相对压缩的空间等。这一空间的营造方式符合主观情感的体验，是一种感情在锥体空间上的外化。如《阿凡达》《鬼妈妈》《了不起的盖茨比》等片的中等体量空间的营造就反映出这种规律。在本书第四章中将重点讨论锥体空间的主观情感表达。

三、大体量空间的营造

大体量空间主要表现的是开放的空间，其主体与背景之间的距离与主体与视点之间的距离相比几乎是无限大。大体量空间与第一章第二节中的"无限远空间的处理"有所不同。无限远空间通常不含有前景的画面主体，是单纯空间环境的展示；而这里讨论的大体量空间，是画面中的物体分布在极大的空间范围内的情况。例如星空下的人物、远山前的人群等，可

以对应平面矩形构图的景别中带有前景物体的全景。对于平面的画面，这种强烈的空间感往往是通过大气效果、景深等非视差线索营造的。观众在观看平面的画面时，实际并无视差，视线的关注点在画面上移动时，并不引发辐辏运动。因此，视点是相对自由的，观看是一气呵成的。

但在现实的空间中，由于前后景距离远，当人眼会聚观看前景时，背景往往超出立体安全范围而被大脑主动忽略。因此现实生活中人眼在观察这种场景时，往往是分别观看前景物体和背景环境。也就是随着视线关注点的移动，眼睛对近处的前景和远处的背景分别进行会聚。如直接给出无明显视线诱导的大体量空间画面，一般观众会优先关注前景的物体，然后会聚到较远的背景，视线并可能会在二者之间游走。为了避免这种不确定性引发的频繁辐辏运动，立体画面在营造大体量空间时往往借助景深、光影和运动等因素引导观众的视线。关于视线诱导将在下一节中专门讨论。

为了在锥体空间中营造广阔的空间感，往往需要占用较大的锥体空间范围。一种错误的做法是通过增大立体摄像机组的瞳距强制获得远处空间物体的视差。这种做法会导致整体空间对立体感进行挤压，从而造成"小人国"效应。解决此问题可以参考人眼在现实世界中的处理方式，将前景物体和背景空间进行分别处理，以获得正确的立体效果。一般认为，前景的物体在立体画面中的主要诉求是体现圆度，而背景由于距离远，自身的视觉差异几乎可以忽略不计，其主要诉求是体现距离关系。因此可通过前文所述的"锥体空间构图的重新安排"的方式对画面进行构造。

如图 2-11 所示，该画面选自 IMAX 纪录电影《哈勃望远镜》(*IMAX: Hubble*, 2010)，该片以其充分利用 IMAX 的视野营造出逼真的临场感而著称。《地心引力》的主创曾以该片作为参考，研究宇宙空间中立体画面的营造。在现实中，画面主体的宇航员身高不到 2 米，距离镜头约 3 米，身后的太

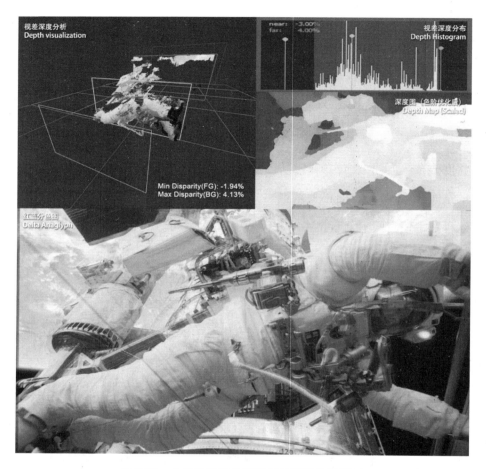

图 2-11 大体量空间的前后景分别营造示例图

空望远镜占用不到十米深度的空间,背景远处的地球距离镜头 600 公里以上。在锥体空间中,这个镜头占用了从−1.94% 到 4.13% 的广阔范围,几乎完全占用了 IMAX 电影可以使用的锥体空间。其中,前景的画面主体宇航员占用了从−1.6% 到 0.5% 的视差空间,将其身体结构、衣物装备等在视差空间中"放大"出来。中景的望远镜占用了 0.5% 至 3.3% 的视差空间。近处的十几米物理空间,使用了接近 5% 的视差空间进行营造(视差深度分布图中的红色部分),极大地"放大"了前景的立体细节。相比之下,从望远镜远端到地

球之间数百公里的物理空间,仅使用了约 0.8% 的视差空间(蓝色部分),仅仅做到将前景与背景在视差空间上隔开。这种隔开的空间在视差深度分布图中可以更加明显地看到。此外,图 2-12 中选自《阿凡达》的类似镜头还充分利用了景深和大气效果来引导观众视线。通过景深的变化引导观众的视线在前景人物和背景人物的空间位置之间移动。我们可以清楚地看出,在深度分布图上,前景人物和背景人物及远景画面分别占用了零视差面附近的空间和 1.5% 左右的正视差空间,二者之间被一段明显的空白区域分割。这种在锥体空间中分布物体的方式,在大体量空间的营造中也比较常见。

图 2-12　大体量空间的视差分割

四、体积感和圆度

除了营造空间感外,立体影像的另一个主要目的是通过物体圆度来塑造其体积感。圆度是人眼近距离观察物体时熟悉物体并且赖以进行精确判断形体的效果。体积感和圆度不仅关乎立体影像的造型成败,更会影响到影像

的可信度,进而影响叙事的成败。《贝奥武甫》等立体电影的立体效果监督罗勃·恩格尔说:"在现实生活中,当你看到一个人时,无论他与你之间的距离远近,你都能感觉到他面部的体积感,这让你感觉真实。3D能更加接近真实的感受。如果人脸是有体积的,大脑会告诉你那是真的;但如果人脸的画面是平的,观众眼部肌肉观看时的运动不正确,那么你的大脑会意识到不对劲。"

立体影像中的圆度与几何中的圆度不同,它是从主观角度对立体影像中的物体体积感还原程度的感知评价,因此又被称为感知圆度,即 Perceived Roundness。它主要用来描述观众在观看立体影像时,立体影像营造的立体感与该物体真实的立体感之间的差异。当圆度为 1 或 100% 时,即立体影像中物体的立体感既没有被拉伸也没有被挤压;当圆度小于 1 时表示立体感受到了挤压;当圆度大于 1 时表示立体感受到了拉伸。

在人眼的自然视觉中,感知圆度不仅受静态视差的影响,在很大程度上还受到运动视差和非视差深度线索的影响。此外,根据 NHK 的相关测试数据[1],即使对于同一回放环境下的同一画面,观众个体对于圆度的评价也存在较大差距。但在立体影像中,第一次空间映射确定了锥体空间内基本的视差分布,第二次空间映射又由于观看环境、观看位置的差异而各异,加之锥体构图中营造空间的诸多变数,使得立体影像圆度的计算根据算法和权重的不同,会得到极为不同的结果。主观感知不仅难以用数学模型进行计算,更难以用客观的数值进行描述。我们只能通过一系列的影像因素推算出其大致的范围。

影响圆度的主要因素是立体影像的"光学圆度"(Optical Roundness),即由两次空间映射得到的锥体空间中纯视差因素影响下物体体现的立体感。

---

① YAMANOUE. Stereoscopic HDTV: research at NHK science and technology research laboratories[R]. Springer, 2012.

在格哈特·库恩的著作 *Stereoscopy and 3D-Projection：A modern Guide to Theory and Practice* 中，描述了一种计算光学圆度的算法。这种算法被称为库恩算法（Kuhn's Algorithm），是立体影像领域得到普遍认同和较多应用的光学圆度算法。其算法考虑了两次空间映射中视差变化的主要因素，以几何的精确方法计算出立体影像的圆度。然而，光学圆度却不足以描述第二次空间映射环境下观众对画面物体圆度的主观体验。根据立体电影技术的主要提供商之一 RealD 的测试，以什么样的权重比例计算两次空间映射时的光学圆度，是感知圆度计算中难以确定的关键因素。在由肯·查伏尔和杰姆斯·沃克尔共同研发的立体计算器"RealD Professional S3D Calculator"中，使用了"S-W 算法"，它在库恩算法的基础上，充分考虑感知圆度的主观不敏感性，对于微小的体积变形不计入圆度变化，而是更注重于反映明显的压缩或拉伸。在立体电影创作实践中，其实际使用效果更接近于大多数观众的立体观看体验。

感知圆度的另外一个主要影响因素——非视差深度线索，对于圆度的塑造也有很大的影响。前文图 2-11 的两个画面中，主角占用的锥体空间相差很远，但是如果除去光影、透视等非视差因素的影响，如不直接对比，主观感觉主角的圆度差异不大。类似的情况在体现微小体量空间的特写或微距镜头中更为明显。特写或微距镜头往往将物体表面的纹理细节放大、增强，从而大大增强了纹理透视变化这一重要的非视差立体线索。此外，小体量空间映射到第二次空间映射的锥体空间内时，体量会得到极大放大，加之人眼的自然视觉对于这个空间区域是陌生的，所以其感知圆度会大大提升。如图 2-13 所示，即使该图像计算的光学圆度仅在 0.1 左右，在画面上使用微距拍摄的图像也难以体现出人眼日常觉察的细节，因此画面中主体物体的感知圆度依然在可以接受的范围内。

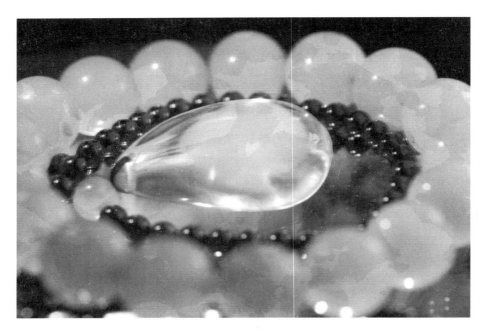

图 2-13　小体量空间对圆度的放大

　　总之,在立体影像媒介领域,虽然圆度是追求的目标,但是实际上却难以达到完美圆度。这是因为,首先,现实世界中的几何圆度无法完整映射到锥体空间中。其次,锥体空间的不对称性决定了锥体空间内不同深度上物体的圆度体现不可能相同。最后,第二次空间映射的不确定性难以保证圆度按照创作者的意图进行完美还原。但是,当创作者对画面主体根据需要进行锥体构图时,可通过 S-W 等算法尽量保持其感知圆度,再以良好的非视差深度线索作为补充,从而可以营造良好的体积感,还原正常立体感。

第三节　视锥构图与视线诱导

一、关于立体影像视线诱导的争议

由于立体影像具有营造空间感、体积感的功能，具有完整还原人眼立体视觉的潜力，因此对于其构图的特性和原则，一直以来主要存在两种不同的观点，从而延伸出了两种构造锥体空间的思路。对于一部内容丰富、有起伏的立体影像作品，两种思路均有其合理性。针对不同的画面需要，我们可自由做出选择。

（一）完整空间还原和自由观看

一种观点认为，立体影像的目的在于完整还原空间，应该允许观众的视线在其营造的空间内自由观看。这种观点的理论基石与"电影眼睛派"以及由此延伸出的"新现实主义"和"真实电影"相关理论吻合。早期的电影曾更多地依赖戏剧性的画面中大量的对白支撑情节，"蒙太奇"的切换方式要求摄影师拍摄更多的固定构图画面。巴赞的长镜头论对传统的"蒙太奇"做了一次反思，使人们意识到用长尺度的运动镜头表达电影时空的优势。[①] 作为这种理论在立体空间中的继承和延伸，纪录片导演马克·德比曾说过："3D的美学就是广景深。它将观众置身于场景中更长时间，这样观众就有机会四处张望、欣赏事物并进行探索。这就像通过儿童的眼睛重新探索世界。"为了完整地通过立体影像画面重现人眼观看物理世界的空间感和开放性，

---

① 王亨里.电影画面的运动型与绘画性[J].电影艺术,1989:9.

在拍摄时要尽量消除景深，避免造型感过于强烈的灯光，使用接近人眼属性的广角镜头和 60 毫米左右的瞳距，通过较小的会聚角或平行拍摄营造接近自然或者略微压缩的空间感。在最终作品中，通过时间较长、动态较缓的运动和相对较松弛的剪辑节奏，观众可以有时间自由观看立体影像中的不同空间细节。立体纪录片《雨林的秘密生活》导演茱莉安·托马斯谈道："在3D 镜头中，你的眼睛会代替以往剪辑师替你做的工作。观众应该可以用更长的时间来吸收镜头中远远多于 2D 画面的信息，而不是被剪辑师剪切的画面引导要去关注哪里。"

在立体电视节目，尤其是体育赛事的立体转播中，这种思路往往占据了立体创作的主体思路。图 2-14 是索尼主导的 2010 年 FIFA 世界杯转播中的典型画面。左图是立体转播的主机位。其高度相比 2D 转播的主机位更低，能更好地体现球场的空间感和运动员的空间位置。右图是观众席机位，其高度比 2D 转播机位高，以避免广阔空间中的安全性问题。两幅画面均没有明显的景深模糊、造型光线等视线诱导因素。观众观看这样的立体画面时就可以自由调整双眼辐辏，注视其空间中任意深度位置上的物体。这对于营造体育转播的临场感来说非常重要。

图 2-14　立体转播中可自由观看的立体画面

对于以叙事为主的作品，此类镜头往往出现在段落开始的定场镜头中。如《阿凡达》的开场镜头（图 2-15 左图），是主体在充满浓重云雾的丛林上空

飞行。画面并没有制造任何的视觉重点，而是以营造开放式空间为主要目的。影片以这样有适应的时间和相对舒适的立体画面作为开场，为后面具有较强烈的立体感和明显视线诱导的画面做好了铺垫。右侧的画面来自主角第一次以阿凡达的形象前往丛林的开场镜头。此镜头为了削减直升机作为视觉中心的重要性，突出开阔的空间感，还在画面的空间中安排了一群飞行生物。飞行生物扇动的翅膀、较多的数量以及相比直升机来说更大的画面面积，为观众提供了新的、更广阔的可关注区域。

图 2-15　故事片中可自由观看的立体画面

此外，对于纪录片来说，自由观看的空间也能够增强其真实感和临场感。如上一节中图 2-11 的画面主要区域的空间细节清晰，观众可以让目光在宇航员全身及其身后的哈勃望远镜上自由移动。图 2-16 中的两个画面分别选自纪录片《NASA 的航天飞机》和《飞行的故事》，其空间构造方式也是相对开放的。左图的航天飞机发射产生的火焰在亮度权重上制造了初始的关注点。而在这个比较长的镜头中，航天飞机左右两侧喷薄而出的浓烟不断运动、变形，成为新的关注点。观众可以将视线由画面正中移向画面两侧，甚至画面下方的门洞形细节。右图的空间纵深较大，而且是一个延时拍摄的前移画面，使空间感更为强烈。而且这是一部 IMAX 纪录片，画面保持整个空间的清晰开放，使观众可以如同"置身其中"般地自由移动视线，以充分体会机库空间的巨大。

图 2-16 纪录片中可以自由观看的立体画面

(二) 有限空间还原和引导观看

与营造可以自由观看的立体空间理念相反,另一种观点认为,立体影像需要通过各种手段引导甚至限制观众视线,使观众按照创作者的意愿注视画面中的特定区域。这种观点在平面矩形画框的构图理论中占据主体地位。如彼得·沃德在《电影电视画面:镜头的语法》一书中明确提出,视线诱导是构图的主要目的之一,并且指出了画面缺乏视线诱导会产生的问题:一幅好画面突出了组织、图案、形状和形态等元素,这些元素向观众提供了顺畅、有效地"阅读"画面的方法。如果视线在画面中的活动遇到阻碍,如果画面中有一些区域使得目光停滞,那么一种不舒服的感觉就会下意识地出现,而观众的注意力也会以一种极端的方式终止。在利用视觉的不确定性"糊弄"眼睛和使观众失去兴趣之间只有一条微小的分界线。[①] 对于立体影像,观众的目光可以在整个锥体空间内游走。如果不设定诱导观看的对象,那么产生的后果则会比彼得·沃德所指出的更加严重。

对于立体影像视线诱导的重要性,四次奥斯卡奖获得者、《阿凡达》的视效总监乔·莱特瑞说:"要满足《阿凡达》的立体画面诉求……最重要的是为观众提供观看画面的引导线索,来引导观众的视线,告诉观众在一幅画面中

---

① 沃德.电影电视画面:镜头的语法[M].北京:华夏出版社,2004:4.

或者多个镜头之间应该关注哪里。如果观众目光乱扫不知道关注哪里，就会产生不舒适的感觉。如果多次出现这种问题的话，整个观影的体验就会非常糟糕。"立体摄像师菲力·斯特尔明确地反对制造"无限景深"的可自由观看立体空间的观点："有关 3D 的一个说法是要想得到好的 3D 镜头，你需要无限的景深范围。还有很多规则会让你无意间限制了自己或者错过很多好镜头。在拍摄微距镜头时，你可以让背景完全模糊掉。由于注意力全部聚集在微距拍摄的昆虫或植物的惊人细节上，背景看不清楚并不会有什么问题。"《卡门 3D》的导演朱利安·纳皮尔谈到视线诱导时说："你可以让演员、物体、灯光等做特别设计的运动，以将观众的目光吸引到你需要的地方。这样就可以在不进行分切或特写的情况下设置一个关注点。"①

除了构图美感方面的考虑，这种观点的生理依据在于人眼自身的特性。人眼的辐辏运动（Vergence Movement）速度约 25 度/秒，远远低于跳视眼动（Saccadic Movement）500 度/秒的运动速度。因此，如需保持影片越来越紧凑的剪辑速度，则必须引导视点迅速移动到指定的位置，以防止不必要的眼动造成的时间损失和肌肉疲劳。如果说电影、电视的摄像机重新训练了观众的眼睛，那么，由于立体影像媒介作为电影、电视常见的形式时间不长，观众对于立体空间的适应程度还远不如平面矩形画面，因此，在空间中引导观众视线，有助于帮助其建立新的立体影像观看习惯。而利用立体空间进行叙事和情感表达的尝试，则需要成型的观看习惯作为基础。

此外，通过有限空间和引导手段限制观众视线，还要对其进行立体安全感和舒适性方面的考虑。由于立体影像的两次空间映射决定了其诸多光学和几何学上的特征属性，而这些属性是不以观众的视点、视线或观看方式的变化而变化的，因此需要通过构图的方式，将观众的视线诱导到立体感舒

---

① 本段中引用的创作者采访均摘自 PENNINGTON A, GIARDINA C. Exploring 3D: the new grammar of stereoscopic filmmaking[M]. Focal Press, 2013.

适、安全的区域。比如,人眼的会聚和聚焦是同步进行的,而在立体影像中,两者是分离的。如果在立体影像中出现了大面积的前景虚焦,观众会将目光会聚其上,但无法获得清晰的视像。这样的矛盾会给观众的眼部肌肉带来紧张,也会使其产生视觉心理上的不适感。如果画面将观众的视线诱导到清晰且重要的区域,就可以避免类似问题的发生。

综合以上诸多因素可知,立体空间的视线诱导目的与美术设计领域的视线诱导目的不谋而合:视线的运动应该是持续的、流畅的,沿着被预先设定好的路径,在客观事物的相关部分之间运动,而且不会被误导到画面中不重要的视觉元素上去。[①] 在立体影像中,视线诱导的方法可以分为两类。一类是继承了美术、设计和非立体影视构图的手段,如画面比例、透视引导、光效和色彩引导、锐度、画面内容等。这一类诱导的原理和方法与平面影像媒介中的相同,也是最易选用和最有效的视线引导手段。另一类是利用立体影像的空间特性(如空间位置、空间比例和运动等)对观众的视线进行引导。

二、画面诱导线索

(一)画面比例

利用画面比例作为视线诱导的手段,从岩画时期就已经存在了。虽然岩画没有画框,但相对的"大"和"居中"就与相对的"重要"等同。在古埃及的壁画、古印度的宗教画像和中国佛教造像中,都存在类似的手段。在摄影术诞生之初,"充满画框"和"画框正中"就成为强调画面内容的代名词。在"合成摄影术"使用光化学手段分解和重组画面的过程中,它往往也通过占有画面面积和画面几何中心的手段构造视觉重心。在电影和电视画面构图

---

① 曾军.视取向:视觉的艺术[J].东方丛刊,2006(3).

上，"大"和"居中"依然被认为是最直接、最有效的视线诱导手段。为了让观众在第一眼的时候不会看到与主题无关的细节，用主要的拍摄对象填满整个画面是最有效的方法。特定镜头将观众的注意力集中，避免了把其他视觉元素整合进一个复合画面可能造成的复杂性。① 视觉的重要性从画面中央向四角递减，这是影视画面构图的经典理论。

随着电影银幕逐渐演变为宽银幕，加之近年来成为标准的 16：9 电视画面比例，影视画面诱导的画面比例因素中的"位置"由单纯的正中增加了"黄金分割"作为影视画面视觉诱导的主要位置。摄影摄像器材寻像器提供的"井字"构图参考线就是以此位置为参考。对于立体影像构图来说，画框由矩形变为了锥体的四个面，但占有较大画面面积的物体（不包括空白或背景）和锥体中线附近的位置，依然具有较强的视觉诱导性。在平面矩形构图中，几何中心与黄金分割附近的区域映射到锥体空间中，是以该区域为面、以轴心线为高的锥体。在这个区域内的物体相对具有较强的视线吸引力。

（二）透视引导

透视是人眼最为熟悉的空间特性之一。平面影像媒介中的透视需要通过平行线、重复的图形和图样等手段间接实现。然而，"虚拟"的透视线也能将视线引导向消失点。尤其以单点透视构图的引导性最为强烈。所以与其说是透视引导视线，不如说是透视线的交点在诱导视线。然而，在平面的影像媒介中，视线的重心往往不处于透视线的消失点所在的"空间"位置，而是将透视线在平面上的投影作为引导线，以画面上透视点的平面位置作为重心。如图 2-17《迷魂记》（*Vertigo*，1958）中的画面所示，金门大桥形成的透视线指向前景人物附近，而人物所处的空间位置远比大桥更靠近摄影机，但这并不影响透视的引导功能。

---

① 沃德.电影电视画面：镜头的语法［M］.北京：华夏出版社，2004：37.

图 2-17　平面影像的消失点与视线重心

　　立体影像的空间营造能力使得画面上的透视在锥体空间内可以真实地形成。这无疑使平面影像中"虚拟"的透视线变为了"真实"的空间透视线。而由于空间感真实存在,透视线往往被隐藏在物体体积的大小变化或图案的连续变化中,而不再单纯地意味着画面上有形的透视"线条"。在真实空间中,透视具有更强烈的视觉引导功能。如图 2-18《了不起的盖茨

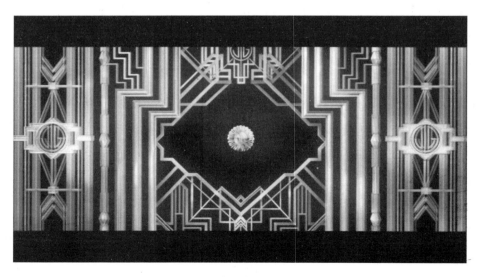

图 2-18　立体影像中的透视引导

比》(*The Great Gatsby*,2013)中的开场画面,连续而繁复的"国际主义"风格装饰线条在空间中延伸开来,使观众视线自然地"滑向"深处的画面中心。

(三)光影引导

在平面影像媒介中,尤其是黑白摄影中,利用精巧的布光营造空间并突出画面主体的手段非常成熟。画面中吸引视线的往往是"亮度较高""对比度较强烈"或"布光形体感最完整"的物体。舞台布光中,也常用到灯光在固定的假定空间内营造不同的空间感,并且引导观众的视线移动。在立体影像中,光影作为营造画面的最本质元素,其作用得到了增强。如在立体纪录片《飞行怪兽》(*Flying Monsters 3D with David Attenboroug*,2011)中,拍摄化石在实验室中活过来四处飞行并与场景和人物互动的关键立体场景时,灯光师为场景布上了柔和、暗调的光线,形成了一种不抢眼的背景——这样凸显了后期添加的 CG 元素,使其成为视觉重心。《雨果》的摄影师罗伯特·理查德森在谈到视线诱导时也表示,"我经常通过增强色彩或消减色彩的办法来强制观众的目光聚焦在某个特定位置"。虽然当今影视作品的布光风格以"写实"为基调,少见非常主观的用光,但光影与其他因素一起仍然起着重要的引导作用。如图 2-19《了不起的盖茨比》中的画面,整个画面中人物众多,但只有右侧的主要人物布光亮度和完整性最高。其他人物或处在亮度很低的阴影中(如画面中央的人物)或布光不完整(如画面左侧的老者),视线被明确地引导向了主要人物。

图 2-19　光影作为视线诱导因素

（四）聚焦

在本章开头讨论距离感的非视差因素时，对景深营造空间的作用已有所涉及，同时，画面上锐度最高的焦点也是引导视线的重要因素之一。在平面影像领域，景深有简化空间细节、突出画面主体的作用。在立体影像领域，虽然强烈的景深模糊应用得不多，但适当的景深模糊与清晰聚焦之间的对比仍是引导视线的重要手段。图 2-20 展示了《阿凡达》中一个镜头的前后两个画面。利用焦点的前后移动，使前后两个角色先后聚焦，引导着观众的双眼进行了辐辏运动，为即将开始的大动态、高速度、快节奏战斗段落做好了生理和心理上的铺垫。在谈到《阿凡达》中使用聚焦引导视线时，创作者表示："我们不愿放弃的工具中的一个就是将画面主体控制在焦点范围之内。我们希望能够将观众的目光吸引到我们想要引导的地方。"

图 2-20 景深作为视线诱导因素

对于画面前景处于景深范围之外的情况,在立体影像创作中创作者需要加以注意。平面电影使用景深镜头作为一种视觉调度手段,在强调视觉主体的同时,将次要景物排除在焦点之外,这种做法对观众的视点具有强迫性和控制力,但是在立体视觉中,是否应该取消景深镜头,将视点的选择权还给观众,这是一个值得探讨的问题。① 《猫鼬 3D》的制片人在谈到这一点时表示:"当你使用浅景深时,一定要确保最前边的物体在焦点范围内。这是由于当看不清画面中最靠前的物体时,人脑会产生不舒服的感觉,而背景模糊不会引起不适感。"图 2-20 的画面虽然出现了前景模糊的情况,但通过动作、空间分布等强烈的视线引导因素,保证了观众的视线不会停留在模糊的前景上。

(五) 画面内容

对具体形象的识别和认知处于人的视觉系统更高的层次。以日常生活的经验和习惯为"预视",观众对于画面中具体内容的观察和感知具有优先的特性。例如,对于人的面容或形象的优先关注。当画面中存在人(或类似人的角色)的面容形象时,观众的目光会迅速搜索并注视、解读人

① 高盟,刘跃军.立体电影的深度空间与应用美学研究[J].北京电影学院学报,2013(6).

物面部的表情和肢体的动作。格式塔心理学认为,这一过程虽然涉及视觉从生理到心理的几乎所有功能层面,但几乎是在潜意识中同时发生的。尤其是对于人物带有表情和动作的表演时,观众的关注度更高。在立体影像中,感知圆度为人物形象添加了一层"真实感",还可以通过将人物形象移向负视差空间的方法,在空间上"侵入"观众所处的空间。这些立体影像的特性不仅为人物形象的塑造提供了更高的起点,而且可以形成更强烈的视觉引导力。

　　以对人的形象的关注为基础,延伸出人们对人物视线指向方向的关注。由于视觉惯性的作用,视线带有延续性的特征。这条线的前方,特别引人注意,这种注意无疑远远超过了人们对这条线本身的兴趣。如果在这条线指向的不远处有一个物体,那么这个物体往往会成为视觉中心。[①] 画面中人物形象的视线与透视线相似,是"无形"但非常有力的视线引导因素。尤其是当画面中一个以上人物共同注视同一个位置时,如果这个位置处于画面内,那么观众的视线就会迅速沿视线方向搜寻并找到该位置;如果这个位置处于画面外,则会引起强烈的心理期待。图 2-21 选自《了不起的盖茨比》中神秘的盖茨比出场前的段落,是一组运动相当复杂的镜头中的一个。在这个段落中,男主角一直盯着身边的"神秘人",不停地诉说着对神秘的盖茨比的好奇,而镜头始终将其视线的终点——即将出场的盖茨比放在画框之外,而在锥体空间中,将其放置于画面负视差空间的最前面。这种犹抱琵琶半遮面的"抑"直到神秘人说到"我就是盖茨比,老兄"并出现其面容的特写时,才以华丽至极的烟花为衬托彻底释放。这个段落所营造的心理期待非常成功。

　　此外,画面内容中的稀有元素或特殊元素也是诱导观众视线的重要线

---

① 　李以泰.论构图中心[J].新美术,1997(2).

图 2-21　画面中人物视线引起的心理期待示例

索。如果盘子中有一颗樱桃，那么，这颗樱桃无论是在盘子中央或是滚到了
盘子的边缘，我们都将首先注意到这颗樱桃。同样，当一幅作品中只有一个
物体时，无论这个物体处在什么位置，都将成为视觉中心，即使它在边上，甚
至不完整。法国画家米勒的名作《牧羊女》就成功地运用了"同向线群中的
异向线"，使牧羊女成为画面的构图中心。国画大师齐白石的《松鼠》，在全
部以线条组成的松针和松树干的画面中，以浓墨画出了两只松鼠的形，也是
以"线群中的形"这一手法，使稀有因素松鼠成为画面的构图中心。① 在影视
画面中，这种线索多与运动结合使用。对于立体影像来说，它也常与纵深空
间上的位置差异结合使用。

---

① 李以泰.论构图中心[J].新美术,1997(2).

三、空间诱导因素

（一）空间位置

立体影像与平面影像的最本质区别在于，其构图空间由平面的矩形跃迁到了三维的锥体。构图在立体空间中的位置也具有不同的视线诱导作用。这种作用大多与人在现实生活中习得的经验有关。在物理空间中，人眼总是优先关注最靠近视点的物体。在立体影像中，这一情况依然存在。因此在立体影像中，一般会将画面的主体放置在相对靠近视点最为舒适的零视差面附近的负视差空间中。前文中多次提到，如果前景需要虚焦的物体，则需让它们处在暗处，或者将它们向边上推移。这对于避免强迫观众透过虚焦的物体（如树木或灌木丛）观看后面的场景十分必要。

但这种情况也有特殊应用情景。对于人眼已经习惯于"透过"或"窥探"的物体，即使大面积处于负视差空间，也不会诱导观众视线到其上。如望远镜的圆形或 8 字形视野、钥匙孔、铁栏杆等。对于模拟戴着眼镜或潜水镜等情况的画面，更可以超越负视差极限制造"镜片"上的污物或破碎。图 2-22 选自立体电影《雨果》（*Hugo*, 2011），前景中模糊的环状金属隔栏充满整个画面，并占满了从−1% 到 1% 的锥体空间。这个空间在一般的锥体构图中，几乎全部用作表现画面主体。隔栏后面的景深营造了画面的空间主体，但只占有从 1% 到 2% 的正视差空间。按照一般理解，这样的空间安排会将观众视线吸引到前景模糊的隔栏上来，使其产生不舒服的观感，但是这个镜头巧用了"透过栏杆窥探"这一观众在现实生活中熟悉的观看情景，同时，通过亮度、对比度和焦点的引导，将观众的视线成功地吸引到了隔栏后方深邃的空间中。即使其中并没有可以用来关注的具体物体或人物，也可以通过细节的透视变化继续营造深邃的空间。

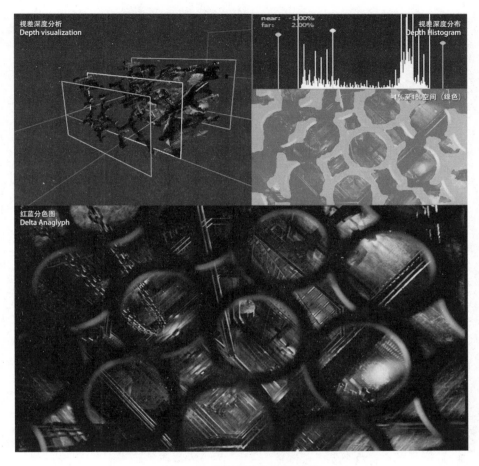

图 2-22　负视差空间前景模糊

（二）空间运动

电影领域经常借用斯拉科夫·沃凯比奇的理论："视野内的任何运动都会引起眼睛的反应并成为注意的对象。变化越大，观者的内在反应越激烈，肾上腺素分泌加速，血压升高，心跳加快。"①与平面画面一样，立体画面中运动的物体会吸引观众的目光。无论是物体自身的原地运动还是在平行于零

---

① 　热恩.视象与力量——斯坦尼康稳定器的作用［J］.世界电影，1995（3）.

视差面(XY 平面)上运动,其引起的关注与平面画面无异。比较特殊的是物体在纵深(Z 轴)方向的运动,这在立体空间中会更加容易吸引目光。尤其是向观众视点方向运动的物体,即使不是速度很快的像"探棒"一样侵入负视差空间的运动,也会对视线具有强烈的诱导作用。如前文中,图 2-20 除了利用了聚焦这一平面画面中常用的手段引导视线外,还利用了"零视差面"在画面空间中的移动。左侧画面的零视差面处于远处人物附近,右侧画面的零视差面随焦点缩回到近处人物附近。这样不仅将需要观众注视的物体始终放在零视差面附近"最舒适"的区域,还避免了焦点回到前景人物后,前景人物在锥体空间中过于深入负视差空间的问题。此外,在单个镜头中移动零视差面(会聚点),等同于物理空间中人眼会聚并聚焦到前后两个不同位置的常见动作,所以这样处理十分恰当。关于锥体空间中的运动,笔者将在下一章中专题讨论。

　　此外,摄影机(视点)的运动,也会增强场景中某些物体的吸引力。《卡门 3D》的导演朱利安·纳皮尔说:"通常当你为立体画面设计运动时,就已经给观众展现了场景的图景。"在图 2-23《卡门 3D》开场的第一个立体强调

图 2-23　摄影机空间运动的强调作用示例

镜头中,大吊臂控制立体摄影机组从高处向下靠近舞台上的演员。演员从正视差深处缓缓地移动到负视差空间中,整个空间与演员自身被强烈地营造出来。结合光照,导演想用这种方式制造一种明确的强调意图。主角占据的锥体空间从 1% 移动到 -1%,同时,其占有的空间深度大大增强,圆度也明显提升。整个镜头不仅实现了"由远到近"的开场运动,还实现了"由扁平到立体"的过渡。此镜头是一个将立体空间作为构成画面有机部分的经典案例。

第三章　锥体空间中的运动

　　运动,是电影画面最重要的基本元素,影片的视觉形象正是靠画面的运动特性与其他艺术形式区分的。[①] 事实上,不仅电影,广义上的动态影像艺术,如实拍影片、动画、电视节目等艺术形式的生命力也在于运动。纵观动态影像媒介的历史,无论是其技术还是艺术的发展,均与记录运动、制造运动、重现运动息息相关。锥体空间中的运动继承了平面影像媒介中画面物体和镜头的运动,但将运动的空间由平面的矩形拓展到了三维的锥体。这一空间维度的跃升,不仅拓展了运动的空间,使运动可以脱离影像平面,进入屏幕前后的空间中,还丰富了运动的形式,增加了视差方向的运动、锥体空间参数改变引起的运动等,最终为运动增添了新的意义和表现形式。如果说静态的立体影像媒介的锥体空间重构了"画框",制造了影像新的"舞台",那么锥体空间中的运动则用实际的内容填充了舞台。本章主要讨论的就是"新舞台"中的"调度"——锥体空间中运动的类型和特性。

---

① 王亨里.电影画面的运动型与绘画性[J].电影艺术,1989:9.

第一节　锥体空间中画面物体的运动

一、画面物体的非视差运动

在平面的矩形构图空间中，画面物体的运动表现方式均为其空间运动在二维平面上的投射。由于平面的影像媒介在纵深感的营造上完全依赖非视差线索，因此画面物体的运动和运动所蕴含的意义，往往存在于非纵深方向。从动态影像产生早期的穆布里奇等先锋对动物运动的研究影像（如《奔跑的马车》《下台阶的女人》等），到现代电影诞生之初绝大部分动态影像（如《水浇园丁》《婴儿的午餐》等），直至今日，大部分叙事性的动态影像作品都在空间纵深方向上具有相似的性质，即其主要运动方式是物体自身的形变（如人的表情和肢体动作）和横向或纵向的移动（如大部分平移入画和出画的运动）。在立体影像的锥体构图空间内，与之相似的运动区域是画面上的物体在不引起视差变化的方向上的运动，即该运动所处的面与零视差面是平行的，绝不仅限于零视差面本身。而在不同空间深度上发生的非视差运动也具有不同的性质。

（一）非视差运动的纵深位置无限性

锥体空间内非视差运动的纵深位置不是唯一的，这是立体影像与平面影像的显著区别之一。平面影像的构图中，所有影像最终仅能在空间中的一块平面区域（显像面）内呈现，因此，其非纵深方向的运动所呈现的空间平面仅限为显像的平面。对于这一限制特性，平面影像媒介采取了各种方式

试图打破它,如:通过强烈的非视差深度线索的辅助,营造出复杂的空间纵深关系,或者通过巨大的显像面积,将画框这一明确的空间位置线索最大限度地消除,如 IMAX、Omni IMAX 等巨幕、环幕和球幕格式等。但是,观众能够清楚地判断"视差"这一重要的空间因素的缺失。因此无论辅助的深度线索如何发挥作用,平面影像的画面最终都将固定于空间中的显像面上,如电影银幕或电视屏幕。

在锥体空间中,由视差的变化可能所构成的锥体区域内"屏幕"仅仅是显像的媒介。当立体图像质量足够好时,屏幕本身的空间位置——零视差平面的位置——在锥体空间中应该与整个立体空间浑然一体,观众无法分辨出其实际的位置。这时所谓的"零视差"仅作为第二次空间映射的参考坐标系中的重要空间位置,而对于立体画面的构图,则没有像平面影像媒介中的屏幕位置那样的实际意义。对于画面中物体的运动,只要运动的方向不引起视差的变化,即可将其归为"非视差运动"。在锥体构图空间中,在平行于零视差面的面(如普通银幕的平面或巨幕情况下的曲面)上的运动,均不会引起该物体影像的视差变化,而平行于零视差面的面在从观众视点到正视差最远处的空间中有无数个,因此在锥体构图空间内,非视差运动可以在任意深度位置上产生。

(二)非视差运动的空间位置差异性

虽然非视差运动的空间位置是无限的,但是在不同的深度上所产生的效果有所差异,以至于用法和性质亦有所不同。这与第一章中讨论过的关于锥体构图空间各个组成部分的独特性质密切相关。

零视差面附近的非视差运动处于较为合适的观看距离上,因此在观感最好,产生的效果也更接近平面影像中的运动效果。在纵深位置方面,零视

差面处于物理显像面上，对于观众来说，这是符合心理期待的影像空间。因此，零视差面附近的非视差运动相对于其他位置引起的心理反应稍弱。此外，由于两次空间映射均以零视差位置作为最主要的距离参考，对其空间的营造越圆满，这个区域的空间挤压或拉伸就越弱。同时，观众对平面影像中物体运动的熟悉程度越高，与其相似的零视差面附近的非视差运动就越自然。观众与物理显像面之间的距离和角度引起的变形是最小的。

接近负视差极限的非视差运动是立体影像中较为特别但充满魅力的特殊情况。负视差极限附近的锥体空间处于靠近观众的空间位置，是锥体空间最尖锐的"顶角"。这个区域的体量较小，不适合表现具体的物体外观或形状，但有利于营造"从眼前划过"般非常靠近观众的感觉。这个区域也经常被用于将整个画面的空间延伸到观众眼前，营造强烈的窥视感。此外，由于这个空间较小，物体非视差运动的距离有限，因此同样运动速度的物体在接近负视差极限附近的空间中可见的时间要远短于在零视差面或正视差空间中可见的时间，如飘落的雪花越靠近镜头就会越快地划过画面。

由于接近正视差极限的非视差运动在画面空间中距离观看点较远，其运动速度容易被距离抵消掉，因此在画面上所显现的运动速度一般较慢。这个较远空间中的非视差运动的轨迹并不指向观众或远离观众，因此观众观看时一般不会予以过多的关注。其作用在于展现背景空间向远方的延伸，而不是表现运动本身。

（三）非视差运动的视线诱导和立体安全特性

由于非视差运动的物体与观众视点之间的距离保持不变，其既没有"侵入"观众附近空间的意图，也没有"远离"观众视野的趋势，因此非视差运动的视线诱导作用要弱一些。同时，由于两次空间映射主要影响纵深方向的

空间,而对于非视差运动的速度重现几乎没有影响,因此,非视差运动一般不会产生过大的拉伸或者压缩。加之非视差运动在锥体空间中"截取"的面积随影像与视点间的距离缩短而等比减小,这大大减轻了其在负视差极限区域的立体不安全性。当与适当的视线诱导因素共同使用时,甚至可以利用不具有视线诱导性的非视差运动,在负视差空间的极限产生极为靠近观众视点的效果。如第一章第二节有关"不安全空间的利用"问题的探讨中,举例《阿凡达》和《雨果》中飘落的灰尘和雪花利用极为夸张的负视差空间中飘落的运动(非视差运动),营造"贴着眼睛划过"的效果。

在划过画面的物体之外,非视差运动的物体还可利用其无空间纵深运动的特性,强调或者揭示空间位置。如图 3-1 所示,图 A 至图 C 是前景的手慢慢拉开窗帘的连续动作。手的运动平行于零视差面,窗帘的形状也沿着手移动的方向发生变化。虽然在从图 A 到图 C 的过程中,镜头向负视差的方向移动了整个第二次空间映射的锥体空间,但手和窗帘的主要运动依然是横向的非视差运动。随着手和窗帘的非视差运动,原本被遮住的远处小

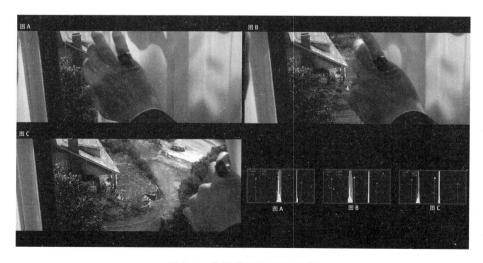

图 3-1　非视差运动揭示空间

屋显现出来，成为视线的中心。在这个过程中，视线引导的线索由带有明显寓意图案——戴戒指的手和窗帘，转向了远处细节丰富、光线充足的小屋。视线诱导的线索由运动、形体、焦点变化、会聚变化等多重因素构成，因此图3-1的镜头在被观看时，观众的视线能够跟随创作者设计好的路径变化，从而避免了单纯跟随前景非视差运动的手，进而为揭示新的空间做好准备。如果该镜头是手拂过窗帘而不是拉开窗帘，则会由于纯非视差运动和充分的视线诱导，使观众的目光始终跟随手而动，对手所处的空间平面进行充分的观察，从而强调了手所处的空间平面。

鉴于 CG 合成时噪点匹配的需要，给左右画面添加相同噪点（或颗粒）成为非视差运动强调空间平面的另一类典型案例。噪点的无序性使其对左右画面分别拍摄的情况并没有太大的影响。而当左右画面噪点相同时，即使噪点随每帧随机变化，也会构成处于零视差面的"噪点面"。这从侧面说明了随机的噪点也属于非视差运动，非视差运动会强调其所处的空间平面。"噪点面"对于立体影像来说就像空间中垂着的一层纱帘，会严重影响立体影像的效果，须避免。

此外，由于目前动态影像的帧率较低，因此画面上横向运动的影像会造成拖影的问题。这种问题在立体影像中依然存在，而且横向的拖影会对水平视差产生很大的干扰，从而会影响画面的清晰度和立体感。为了避免画面中快速横向运动的物体产生拖影进而干扰立体效果，《皮娜》的导演特意调整了场景中穿梭的人群和舞者的整体运动方向，由横向运动改为沿摄影机纵深方向运动。随着 HFR（高帧率技术）将拍摄和放映的帧率提高到 48 帧/秒以上，此问题也因此得到了很大程度的缓解。

二、画面物体的视差运动

在平面的影像媒介中，物体在画面纵深方向上的运动完全需要非视差

深度线索来营造。与真实世界中的影像规律相通的透视变化和光影关系变化,是平面影像中营造纵深运动的主要手段。此外,由于物体进入或退出景深范围、光照范围而引起的模糊程度变化和光照的变化,也常用于制造富有戏剧性的纵深运动。虽然平面影像无法利用视差空间,但是它可以通过多种线索的综合营造,加之环绕立体声的渲染,使画面上的物体在纵深方向运动,营造逼近或远离观众视点等生动的运动形象。在视差立体媒介的锥体空间中,物体的纵深运动既可以与平面影像中的相同,利用非视差深度线索制造纵深运动的幻觉,又可以直接在锥体空间中让物体的影像发生视差变化,从而真实地在锥体空间中纵深移动。画面物体,尤其是画面主体的视差运动会引起观众双眼的辐辏运动,而观众双眼的辐辏运动会灵敏地感知物体的距离变化。

(一) 负视差方向的运动

当物体向负视差方向运动时,会让人产生逼近感。由于现实生活中的经验积累,人的视觉对于向自己靠近的物体会格外地关注,因此,在负视差方向运动的物体,会产生强烈的强调作用。当物体穿过了零视差面附近的立体舒适区域继续向负视差空间运动时,其引起的"侵入感"会逐渐增强。但随着物体接近负视差极限,立体感逐渐变得过于强烈,在引起双眼不适感的同时,还会破坏立体画面营造的沉浸感。物体向负视差方向的运动,在立体影像中如同鲜艳的色彩之于早期彩色电影,是充满强烈表现力的手段。索尼公司3D产品部高级副总裁巴兹·海斯在谈到利用负视差方向运动营造强烈的观感时说:"在3D中,如果要拍摄相同的情景(与安东尼·霍普金斯在《沉默的羔羊》中同样强烈的特写),你应该让演员向前一步,进入观众的个人空间而不是分切到特写镜头。这样会引起生理反应。"在立体影像作

品中,类似的事例十分常见。

图 3-2 选自立体现代舞电影《皮娜》(*PINA*,2011)。影片的立体效果总监力求通过立体电影的真实空间还原现代舞大师皮娜·鲍什对于舞台空间的调度。因此本片被誉为"首部严密、开创地发掘 3D 可能性的非好莱坞电影"。该镜头是一个基本静止的镜头。舞者们在正视差空间靠近零视差面的区域聚集成紧密的一团(图 A),一个女舞者突然脱离人群径直向摄影机方向跑来(图 B),手捧泥土停在摄像机前(图 C)。整个过程一气呵成,没有使用表现连续运动时常用的分切镜头,也没有对视差空间进行会聚调整,而是在一个确定的锥体空间中,让女舞者从正视差空间真实地移动到负视差空间中。在视差深度分布图中,我们可以明显地看到女舞者(红色方框圈出的部分)从正视差空间中脱离后移动到负视差空间中的过程。在女舞者的运动过程中,与众不同的朝向和动作使其迅速地吸引了观众的目光。其从"入画"到"出屏"的负视差方向运动,则强化了对观众目光的吸引。同时,锥体空间上的逼近,使其形象更加生动,动作的意图更加明显。随着女舞者

图 3-2　负视差方向的运动示例

跑过,图 C 中,舞者与人群之间不再是分割成两个平面的虚空,而是实实在在存在的空间。这无疑也为影片所追求的"舞台调度空间重现"增添了空间线索。

(二)正视差方向的运动

与负视差方向运动相反,物体在锥体构图空间中沿正视差方向运动会营造远离观众的距离感。由于正视差方向运动的起点较为接近观众,因此运动的物体对观众视线的诱导作用虽不如负视差方向运动的物体强烈,但依然会带领观众的视线向锥体空间的深处移动。对于从负视差空间中向正视差移动的物体,由靠近观众视觉心理较为紧张的近处逐渐远去,随着辐辏角的逐渐减小,视觉的压力随之下降,在心理层面上也会引起警惕性的放松。因而在叙事影像中,向正视差方向运动往往作为较为放松的主要运动方式,用在一场戏的结尾阶段。同时,随着物体运动到距离较远的深度位置,视线很容易被更靠前的画面物体所吸引。在立体影像作品中,这也是常见的切换画面主体的手段之一。

图 3-3 选自《皮娜》,画面左侧带手风琴的女演员从零视差面处(图 A)逐渐走到与右侧成列的男演员相同的深度(图 B),最终走向画面的深处并走出光区(图 C)。此镜头与图 3-2 所示的镜头空间构造方式类似,均属于画面立体属性不随物体运动而变化的类型。在这个空间中,随着女演员走向画面深处,观众的视线实现了一次关注点的转换:从走向锥体空间深处的左侧女演员身上换到了右侧缓慢向负视差方向移动的男演员身上。当然,光影关系和透视线索在此画面中也起着重要的作用,但视差变化方向的不同,使画面对观众视线的引导过程更加自然。

图 3-3　正视差方向运动示例

(三)反复的纵深运动

当镜头中的物体在纵深方向上反复运动时,不仅进一步强化了视线诱导,而且还对空间营造有着扎实的铺垫作用。图 3-4 所示的是《少年派的奇幻漂流》开场时的一个镜头。此镜头长度约 21 秒,在一个静止的场景中展现了画面物体非常复杂的纵深运动。镜头以低角度、广景深的画面作为开端(图 A),此时画面中除了雨水和地面上溅起的泥水外,没有明显运动的物体。画面采取了无明显视线引导的开放式营造方法,让观众的视线在锥体空间中自由地扫视。此时观众的目光可能首先被画面左侧的小神像所吸引,然后随着时间的推移,观众的视线会向远处探索。画面右侧巨大的树木、画面中间远处的房屋会依次成为被关注的对象。正当观众结束对这个静止画面的探索时,从小神像的后面绕出了一只蜥蜴(图 B)。蜥蜴的动作是迅速而有明显停顿的,它停在画面中心正视差空间接近零视差平面的区

域,也就是较为舒适的立体区域中,然后快速地爬到负视差空间中。蜥蜴在负视差空间中稍作停顿,感觉在画面左侧画外的区域看到了什么(图C),而后迅速地顺着原路跑回了小神像的后面。在观众思考是什么把蜥蜴吓跑时,两个人从画面的左侧入画,慌忙地跑向了画面纵深处的小屋。整个镜头中有三段明显的视差运动:蜥蜴的负视差方向运动、蜥蜴的正视差方向运动和人的正视差方向运动。然而,在视差运动的过程中,空间映射关系没有任何变化。即使在图C中,由于镜头聚焦在前景近处的蜥蜴上,导致景深范围急剧地缩小,整个场景的空间也没有发生任何压缩或者拉伸。也就是说,这个镜头中的焦点位置和会聚位置是分别设定的。

图3-4 反复的纵深运动示例

在一个静止且相对简单的空间中安排如此长时间、如此复杂的纵深运动,在立体空间的营造上是有其用意的。首先,此镜头作为故事叙事的第一个镜头,为立体空间的营造做好了铺垫。在此镜头前,是一些立体感各异的空镜头用于展现片头字幕,从此镜头开始正式进入叙事段落。此镜头中的

雨滴、地面溅起的水花等,无一不是在建立一个稳定、开放的空间环境。画面主体在锥体空间中充分地进行纵深运动,使其与画面所营造的空间充分融合。其次,此镜头的几个纵深运动,为观众的立体感做好了准备。观众的双眼辐辏运动从进入影院后就没有太大的变化,而在此镜头中,画面主体引领着观众的双眼在正负视差空间内最大化地反复进行了"热身",为后面叙事段落中多变和快速的立体画面做好了准备。最后,蜥蜴与人之间在一个空间内的复杂运动,呼应了影片的主题,暗示了影片的走向。蜥蜴的负视差运动,使它进入观众的心理空间;而人的"强势"出现,将蜥蜴驱逐到画面深处直至消失。随着人物跑向画面深处,整个空间归于平静,如同涟漪平复后的水面波澜不惊。这一连续的视差空间运动像长镜头一样充满了意味和隐喻。

三、画面物体的综合运动

在追逐、打斗等激烈的运动画面中,画面物体往往与非视差运动和视差运动共同营造着有节奏的锥体空间运动。然而,在结合利用两种空间中的运动时,我们需要充分考虑它们各自的特点。非视差运动往往用来展示快速、短促和激烈的运动,而视差运动往往用于展示舒展的运动,营造完整、连续的空间。图 3-5 选自立体 CG 动画电影《长发公主》(*Tangled*,2010)。该镜头的内容是男主角从画面近处跃起,抓住一根藤蔓围绕大树转了一周后回到画面近处,踢倒马背上的追兵。男主角以零视差面附近作为起点(图A),围绕大树旋转时飞向画面的纵深处(图 B),再从纵深处快速冲回到零视差面附近(图 C),在零视差面附近向右踢倒马背上的追兵(图 D)。整个运动可以被分解为非视差运动(图 A 和图 D)和视差运动(图 B 和图 C)两大类。

图 A 和图 D 的运动方向都是沿着画面从左向右,运动基本都处于零视

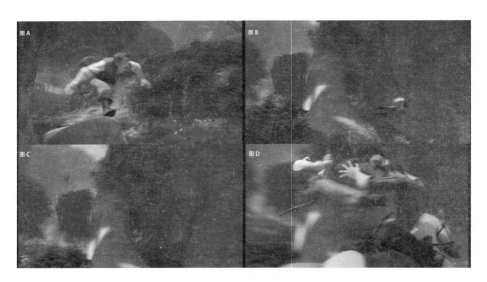

图 3-5　画面物体的综合运动示例

差面上。由于几乎没有视差变化，因此画面主体虽然占画面较大的比例，在空间位置上也处于整个镜头负视差最大的位置，物体运动却依然非常剧烈。图 A 对应的运动时长不到 1 秒，图 D 对应的运动时长仅有 0.3 秒。

而图 B 和图 C，一个是正视差方向运动（远离视点），一个是负视差方向运动（逼近视点），在视差空间内，物体的运动距离跨越整个画面占用的正视差空间，但在画面上，物体运动的距离和速度都小于非视差运动的图 A 和图 D。同时，为了让观众的双眼有时间跟随画面物体完成辐辏运动，图 B 和图 C 所对应运动的时长均在 1 秒以上，远远大于非视差运动的时长。整个镜头产生了快—慢—快的运动节奏。

第二节　锥体构图与一般镜头运动

摄像机的运动对于动态影像媒介来说是核心问题。电影作为艺术出现

是从导演想到在同一场面内挪动摄影机那一天开始的。① 电影表现运动的物体和空间是将其与绘画和图片摄影区别开来的最主要特征。电影的发明就是借助于技术手段——摄影机在胶片上记录运动的物体——实现的。电影技术发展进步的重要问题之一，就是解决摄影机的运动问题。电影摄影师和工程师为了让摄影机自由地动起来，花费了巨大的心血和努力。从这种意义上，可以说，电影技术的发展史就是让摄影机更平稳、更自如、更方便地运动的历史。②

随着摄影机及其辅助系统的小型化趋势的出现和观众对于运动镜头的审美期待的增强，当代电影中运动镜头的数量迅速增加。现代电影中运动镜头数量的增多以及运动形式的丰富构成了其与传统电影在视觉上最显著的区别。③ 商业大片主要使用轨道、摇臂拍摄大量的运动镜头。在平面影像媒介中，由于视差的缺失，运动，尤其是平缓的移动，非常有助于画面空间感和画面物体立体感的营造。而在立体影像媒介中，运动镜头——立体摄像机组的运动，不仅会给画面带来整体的运动，而且会在锥体空间中制造真实视点位置的变化。也就是说，立体影像的摄像机位置是假定观看的位置，通过两次空间映射，可将观众的双眼等效映射到拍摄时的摄像机镜头位置上。而立体摄像机的运动，则等同于外力推动着"观看"，推动着观众在第一次空间映射的物理空间中真实地运动。因此，立体影像中的运动镜头具有比平面影像媒介中的摄像机运动更直接地作用于观众运动感的特质。两种运动所带来的视觉和心理上的感受也有所差异。

① 马尔丹.电影语言[M].北京:中国电影出版社,1992.

② 梁明.运动镜头的表现力[J].当代电影,1999(11).

③ 徐竞涵.高科技语境下的电影运动镜头[J].当代电影,2003(11).

一、摇镜头

（一）非跟随摇镜头

镜头的运动中,摇镜头由于不改变摄像机的位置,仅改变摄像机的方向,因而是相对单纯的运动形态。一般认为,摇镜头的运动模式模拟了人的头部转动,即可以通过摇镜头来模拟人在原处通过旋转头部改变观看方向的运动。非跟随摇镜头在平面影像中一般用于展示空间、场景以确定场景的基调,节奏相对比较缓慢,常见于一场戏开端的定场镜头。如展示优美的风光、广阔的原野、美丽的建筑,介绍物体细致的质感等,它通过缓慢地摇,逐渐扩展观众的视野,引导观众的视线去欣赏和体察,给人以优美、宁静、平和的印象。慢摇还具有令人思索、回忆、感慨等感情色彩。[①] 在技术方面,由于目前通用的电影格式帧率过低,仅有 24 帧/秒,画面上横向运动的物体会产生不连贯感和拖影,因此摇镜头一般会保持较低的速度,以避免类似问题过多影响观看体验。

在锥体空间内,不以跟随物体为目的的摇镜头更类似于人们日常生活中"驻足观看"的体验。立体影像的第一次空间映射是从整个物理空间中"截取"一个锥体形状的空间,通过第二次空间映射重现给观众。而摄像机的摇动则相当于第一次空间映射的锥体空间顶点位置不变,整个锥体如同灯塔的光柱一般在空间中扫动。第二次空间映射则是将这样一个扫动的锥体空间映射到固定不动的观看空间中。这无疑会导致运动感上的矛盾:观众的前庭器没有反馈运动的信号,而视觉空间却反馈了非常明确的旋转运动。虽然观众已经通过平面影像熟悉了这种画面假定的运动,但对于一些

---

① 朱羽君.运动镜头的感情色彩[J].现代传播,1982(3).

不熟悉立体影像的观众来说,则会产生轻微的眩晕感。同时,观众视线在画面中搜寻观看主体的动作,在摇镜头的情况下会变得更加频繁。对于没有明确主体、仅用于展现场景空间的空镜摇镜头,观众视线的诱导因素是相对匮乏的,加之低帧率产生的不连贯和拖影问题依然存在,所以在立体影像媒介中,摇镜头的使用更为谨慎,摇动的速度也更为缓慢。对于表现剧中人物紧张地四处张望、搜寻某一物体的摇镜头,则可相对加快速度。

而摇动速度极快的"甩镜头"则是利用摇镜头时画面中的所有物体都产生运动模糊的特性,通过快速的"摇"将影像的具体形体转化为色光。作为一种消除物体或场景之间空间距离的特殊拍摄手段,它在平面影像和立体影像中都有使用。这是一种特例,即故意追求的模糊感。对于立体影像来说,它也能够适配使用。

图 3-6 是《少年派的奇幻漂流》中一个通过复杂的非跟随摇镜头更换场景的典型案例。镜头从布满星星点点的烛光的河岸开始(图 A),由静止逐渐加速上摇至星空(图 B),在星空中摇动的速度达到最快(接近于甩),运动

图 3-6　复杂的非跟随摇镜头示例

的方向也通过旋转改为向下摇动。随着镜头向下摇动,夜空逐渐变为晴空,天空中布满云彩(图 C),最终镜头下摇并减速静止,场景已经由夜晚的河岸变成了白昼的群山(图 D)。从空间分布图上可以看出,整个镜头运动过程中,画面所占据的锥体空间几乎没有发生变化。图 C 的深度分布图靠左的波峰是由画面中镜头光晕引起的,实际画面中的云完全分布于第二个波峰中的范围内。这种空间上的稳定性保证了快速的摇镜头不会产生强烈的眩晕感。而运动速度慢—快—慢的分布,避开了细节丰富的起始画面和终结画面,仅在画面中没有过多细节、空间也较为单一的纯星空画面占满整个画面后,摄像机进行了速度快、方向复杂的摇动,在使镜头运动丰富、节奏变化的同时,营造了"拓展的"空间,也使镜头中场景的变化显得神奇而不至于突兀。

(二)跟随特定物体的摇镜头

跟随特定物体的摇镜头常用于跟随画面主体的运动,展现其所处的空间及其与其他物体的关系。它是叙事影像中常见的镜头运动类型。此类运动画面中视线诱导的因素会更加明显,其运动状态也更为复杂。在日常生活中,人的视线跟随视野内的特定物体时,一般会优先选择平稳跟踪眼动(smooth pursuit movement)的运动方式,在物体即将离开视觉中心区域时,通过头部转动来调整整个视野的方向,从而将观看对象重新定位在视觉中心区域。而摄像机的摇动则无法分为两层。一般来说,摇镜头需要将摄像机固定在三脚架上拍摄,而"跟摇"运动,一般会将目标物体固定在画面上相对稳定的位置,以避免轴向、排布等构图原则的剧烈变化。

在锥体空间中,由于构图维度的提升,单纯的摇镜头可以使物体在画面中 XY 平面上的位置相对稳定,但随着物体与立体摄像机之间绝对距离的改变,物体的影像在视差空间中的位置也会发生变化。而这种变化,会使单纯

的摇镜头增加一层"视差方向纵深运动"。对于焦点位置、会聚位置和立体安全参数，跟随特定物体的摇镜头需要将物体运动的整个轨迹考虑在内。对于物体运动轨迹从镜头前经过且靠近摄影机位置的情况，至少需要考虑物体最靠近摄影机时锥体空间内负视差的强度和正视差的安全区域情况，以免产生不安全的立体画面。此外，由于此类镜头的画面中存在充分的视线诱导因素，且画面上的物体相对于画框位置来说保持稳定，因此，由于横移而产生的画面拖尾等问题不太容易被观众注意到。

（三）节点摇镜头

通过调整摇镜头的旋转圆心，使其与摄像机镜头的光学中心重合，摇镜头可以完全不产生任何透视变化，仅影响画框所"圈选出"的影像方位，也就是特效摄影中最常用的摇镜头模式——光学节点摇。正是由于纯粹的摇镜头不会改变画面中不同纵深位置上物体之间的透视关系，在对节点摇镜头的后期处理中，无需也不能反求出摄像机运动的轨迹。通过平面跟踪即可对画面进行分割、替换和修补。因此，在需要特效处理的摇镜头中，节点摇这种特殊的摄像机运动被大量使用。然而在人的日常视觉中，由于头部转动的圆心与双眼的光学中心有一定的距离，因此通过摇头观看是不能做到节点摇的纯粹无视差变化的。对于双机拍摄的立体画面来说，纯粹的节点摇镜头难以做到。因为双机镜头的光学中心在空间上已经分离，其等效的中心视点的光学中心会随着基线调整、会聚调整而不断变化，难以通过机械的方式锁定。另外，在锥体构图空间中，即使做到了光学节点摇，左右画面组之间的匹配也依然需要通过精确的测量计算实现。因此可以说，节点摇这一运动模式对于立体拍摄来说是没有意义的，仅对于后期转制立体画面的情况依然有效。

二、镜头的推、拉和移

　　平面影像媒介中,推镜头、拉镜头和移镜头构成了摄像机在与地面平行的平面空间中各个方向的移动。这里所指的是镜头焦距不变的摄像机位置运动,对于变焦运动,将在下一节中单独进行讨论。单纯的推、拉和移的运动,分别对应摄像机在纵深方向(向前)、纵深方向(向后)和侧向的移动。摄像机位置移动,意味着整个画面中物体之间的透视关系也会随之发生变化,包括近大远小的简单透视关系,距摄像机由近到远,体积和透视位置变化速率由大到小的对应关系,以及物体之间的相对位置和遮挡关系等。作为人日常生活中观看位置最常变化的平面,推、拉和移镜头结合摇镜头可以完整地重现人眼的视觉体验。而单方向的推、拉和移镜头,则是拓展拍摄空间、突出物体之间空间关系的特殊运动方式。在立体影像中,推、拉和移的镜头与平面影像相比,更具有对空间的强调作用,并能通过类似"运动视差"的方式,强化物体的圆度和空间的层次。

(一)推镜头

　　推镜头是沿着摄像机朝向运动的镜头。推镜头画面的景别逐渐缩小,突出和放大原画面中的某一部分,它常常是在给观众展示一定的景物范围后,再引导观众去观察其中某一局部或细节,景别的变化是在同一镜头中逐渐进行的,时间和空间是统一的。[①] 在平面影像中,推镜头会放大处于运动轨迹上的物体影像,同时由于物体与镜头间的绝对位置缩短,其光学畸变也更加明显。一般的推镜头常用于展示深入探索空间,或靠近某一物体,具有缩小空间范围、强调运动轨迹中心物体的作用。在锥体构图空间中,推镜头

---

① 朱羽君.运动镜头的感情色彩[J].现代传播,1982(3).

与物体的负视差方向的纵深运动效果类似，但不同的是，摄像机的运动会引起整个空间向负视差空间的移动。通过两次空间映射，其观看效果如同将观众的座椅向前推动。对于有明确目标物体的推镜头，往往采用将主体与空间中的其他物体在位置上独立开来的空间排布方式，加强由于推镜头的运动而引起的视差变化；同时将目标物体向负视差空间移动，从而凸显主体。与负视差纵深运动相同，推镜头引发的逼近感有强调作用。但是推镜头引起的逼近感与画面主体自主进行的负视差纵深运动不同，推镜头是视点变化，会产生整个空间不由自主地向主体逼近的"强迫感"，从而产生更加强烈的心理反应。

图 3-7 选自《少年派的奇幻漂流》结尾处男主角的自述段落。整个段落以一个长达五分钟的缓推镜头为主，中间插入少量聆听者的画面。整个镜头从展示聆听者与男主角之间纵深的空间关系开始（图 A），随着男主角的叙述，镜头缓慢向前推动（图 B），最终以主角的特写景别结束（图 D）。在整个运动过程中，主角的视差由 0.74% 变为了 -1.43%，主角在空间中的位置由

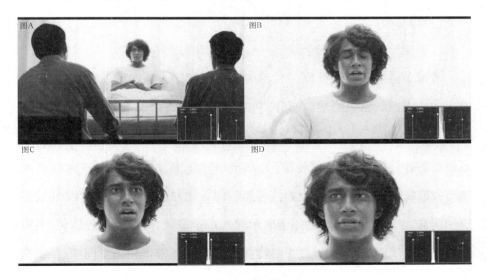

图 3-7 推镜头

正视差空间深处完全移动到了负视差空间中,主角头部的圆度也由扁平变为了较为正常的水平。随着整个段落镜头的前移运动,观众的视点从两个聆听者的后面开始,逐渐移动到主角的面前。画面的内容也由有窗帘、病床、主角、两位聆听者等诸多细节的普通房间,变为仅有主角脸部特写、其他事物完全消失的特殊空间。同时在运动过程中,主角的目光分别投向左右两位聆听者和镜头,使观众产生现场聆听的代入感。如同越听越入迷、越靠近讲述者一样,整个镜头运动与观众的观看心理期待相吻合,不仅增强了段落的感染力,同时也更强烈地塑造了主角的形象。

(二)拉镜头

拉镜头的运动方向与推镜头相反,是向镜头朝向的反方向运动。在平面影像中的拉镜头会使画面物体逐渐缩小,相对于静止的画面主体景别逐渐变大。拉镜头画面中的景物范围逐渐扩大,常常是以交代某一对象所处的环境及它与周围事物的联系、在环境中的地位等等为目的的。[①] 在锥体构图空间内,拉镜头所营造的运动与正视差方向纵深运动的物体相似。和推镜头与负视差运动的关系异同类似,拉镜头比单纯的画面主体正视差运动产生的运动感更强,比画面主体主动后退引发的距离感更强的是视点运动造成的"强迫感"会给观众造成被迫后退远离原来观看位置的感觉。

拉镜头还常用来揭示画面主体所处的空间。由于一般的叙事镜头景别较近,其所能展示的一般仅仅是主体周围附近的空间。而拉镜头会将主体周围的空间逐渐囊括在画面之内,从而揭示主体所处的空间中其他的物体和整体的体量。在平面影像中,由于拉镜头中画面的内容变化较小,因此,其视觉冲击力和心理冲击力相对小于推镜头。而在锥体空间内,拉镜头的

---

① 朱羽君.运动镜头的感情色彩[J].现代传播,1982(3).

冲击力被真实发生视差和透视变化的场景细节增强了，从而能够产生较强的运动感。配合特效制作的拉镜头，可以连续揭示极大的空间范围，从而营造段落的空间基调。

图 3-8 选自《了不起的盖茨比》，镜头从一间单元房的外面开始加速后退（图 A），随着单元房所在建筑整个进入画面范围，其他建筑也随着镜头后拉和逐渐升起快速地进入画面中（图 B、图 C）。最终镜头停在了空中，将灯火灿烂的城市尽收眼底（图 D）。整个拉镜头飞行距离约数公里，画面表现的空间范围急剧扩大，但此镜头在锥体空间中并没有由于所表现物理空间的范围扩大而占据更大的视差范围，而是随着镜头后退，逐渐缩短立体摄像机的瞳距（基线），从而保证了整个镜头的立体感有所增强但始终在舒适的范围内。在镜头的落幅，画面的右侧入画了高空建筑脚手架和一个工人。这是此镜头的点睛之笔。除去其寓意不说，单纯从空间上分析。在这个镜头的开始阶段，画面中有男主角和房间内嬉闹的角色们，运动过程中有大量的细节进入画面空间。如果画面的落幅没有足够的前景细节，此镜头就会与

图 3-8　配合特效的拉镜头

一般的大范围特效拉镜头一样,落幅的立体深度被推向正视差空间深处。但此镜头接近结尾处,出人意料地插入了另一个近距离的细节,从而在空间上填补了全景镜头前景的不足。从画面D的深度分布图上可以看出,左侧波峰是由画面右侧的前景部分造成的,它涵盖了零视差面附近的空间。右侧波峰是退到远处的城市建筑群。若缺少了左侧波峰,整个画面的空间感就会减弱许多,画面的圆度也会由于楼体退到空间深处而显得不足。

(三) 移镜头

移镜头是指摄像机的侧向移动。由于人身体的运动方向主要是向前或向后的,向侧面这种运动方式在人的日常生活中并不常见,仅在乘坐交通工具或自动扶梯时可以实现持续、稳定的侧向运动。在平面影像中,单纯的平移镜头在传统的影视作品里使用得并不频繁,唯一大量使用平移镜头的影片类型是在迪士尼发明的多平面拍摄平台上拍摄的动画片。动画片中,大部分带有深度的场景运动,都是通过以不同的速率平移绘制的多层画面实现的,反映在画面上如同镜头的平移,但实际上摄像机本身是不能移动的。对于人的自然视觉来说,平移镜头是相对陌生的,但动画片常利用平移镜头实现对深度感的营造,从侧面说明了平移镜头的画面作用:通过平移运动引起的不同深度位置上物体相对运动速度的差异,强调物体之间的深度位置关系,从而营造镜头所表现场景的空间感。

这一特性在近年来的动作片中得到了充分的利用。如迈克尔·贝导演的《变形金刚》等动作影片中,平移镜头已经成了其影像风格的标志之一。他不仅在动作场景中使用平移镜头展现强烈的空间感,更将平移镜头的使用拓展到了对话段落,使剧情较为舒缓的段落在视觉上依然富有节奏感。沃卓斯基导演的《黑客帝国》系列影片和扎克·施奈德导演的《斯巴达300

勇士》等视觉风格更为突出的影片,将移镜头与"子弹时间"和"高速摄影"结合起来,使场景随着镜头平移逐渐展开,如同展开一幅画轴,表现出异样的"暴力美学"。可以说,这些移镜头在现代特效技术支持下发展出的变种,都通过移镜头的基本特性在平面的画面上展现出了更为强烈的影像风格和更为生动的立体空间。

立体影像在锥体空间中,空间深度和物体圆度的营造已经由非视差线索间接实现变为了通过视差直接实现。因此,单纯以增强空间感为目的的移镜头已经丧失了实际意义。然而,移镜头的另外一个特性——改变空间遮挡关系的特性,使得移镜头在锥体空间中依然具有存在的意义,并能够与立体影像的空间特性结合,营造出更具有趣味的运动构图。镜头在横向移动的过程中,由于透视关系,前景遮挡物体的运动速度要大于纵深方向上处于后面的物体,因此当遮挡物体移开时,会显示出后面新的空间和原本被遮住的物体。如《皮娜》中行进的队伍就是一个例子。在影片开始的暗调空间中,摄影机处于纱幕的一侧,方向与纱幕平行;行进的队伍在纱幕的另一侧,与纱幕平行运动。随着摄影机平移到纱幕的另一侧,出现了一个新的空间。在这个空间中,原本被纱幕遮住的行进队伍开始变得清晰,从空间的深处渐渐向负视差空间移动。但由于队伍排成直线向空间深处延伸,处在前面的人几乎完全遮住了队伍。摄影机继续缓慢平移,视角由正对着队伍逐渐变为从侧面观看。这时行进队伍中的每一个人都在画面上可见,队伍向远方延伸的空间形态也更加明确。

三、镜头的升、降

与镜头的推、拉和移不同,镜头的升降运动是在高度上改变视点的位置。这种运动方式并非日常生活中常见的视觉运动形态,属于较特殊的运

动。然而,其陌生性在视觉上带来的冲击力也是较大的。一般场景中,人和场景物体是分布在地面平面附近的,这也直接导致了沿着地面平面运动的推、拉和移运动难以完全摆脱物体之间的遮挡。而升降运动在高度方向上一般不会引入新的遮挡,随着视点的升高,空间逐渐开阔,随着视点的降低,空间逐渐缩紧。因此,升降运动往往用于展示从细节到全局或从全局到细节的空间运动。与摇镜头结合,升降运动常用于展现更为广阔的空间,并突出画面主体与空间之间的关系。

　　图 3-9 选自《少年派的奇幻漂流》,是一个利用镜头的上升运动(配合摇)展示新的空间的例子。镜头以男主角读书的近景、平摄开始,画面内仅有男主角一个角色,整个空间被从右侧延伸到纵深处的楼体所阻断(图 A)。随着远处的呼喊声,男主角回头查看,镜头升起变为俯拍,此时画面展示了处于前景近处的男主角和楼下庭院空间内的一群男孩(图 B)。从内容简单的图 A 到内容复杂的图 B,此镜头仅用了一个升的动作,揭示出新的空间(楼下的庭院),更将新空间中的人物(楼下的男孩们)与画面中原本存在的人物之间的位置、距离关系表现得非常明确。从深度分布图的变化可以看出,图 A 和图 B 的深度空间都分为前景的男主角空间和背景空间两部分。在镜头运动的始末,前景中的男主角始终处于零视差面附近,占用的深度也几乎没有变化。而随着镜头升起揭示出更多的背景空间细节,图 A 中,楼体背景所占用的视差空间是一个极薄的平面,图 B 的右侧波峰也就是背景区域所占的视差空间要宽厚得多。从视差分布图可以读出:此镜头的整体空间关系、视差空间占用比例没有变化,变化的是正视差空间中背景区域的空间细节程度。

　　从相对闭塞的空间升到相对开放的空间的上升运动镜头,不仅会如同图 3-9 一样展现相同空间内更丰富的细节,还会在视差空间上展现更广阔的

图 3-9　升镜头

空间范围。为了保持立体画面的安全性和观看舒适度，在运动始末空间差异较大的升镜头中，往往相应地向更远的距离调整会聚位置。

　　下降运动与上升运动的方向相反、逻辑相反，所表现的空间变化也是反向的。下降运动往往与摇镜头结合，通过在大范围空间中的正向运动，将摄像机推向某一具体的主体，以明确该主体在空间中的位置和体积。无论是在立体影像中还是在平面影像中，快速的下降运动都会引起眩晕感。而在立体影像中，由于锥体空间内正在发生真实的视差运动，下降运动可以做到如同带着观众坐过山车般引起的视觉刺激和心理冲击。在具体作品中，下降运动由于拍摄难度较大，因此常与特效技术拓展的空间运动结合，制造更剧烈、更长时间、运动范围更为广阔的向下俯冲运动。

　　图 3-10 选自《了不起的盖茨比》，表现的是男主角第一天到浮华的纽约金融街上班时兴奋、焦躁而又有一丝不安的情绪。镜头从摩天大楼上方的空中开始（图 A），在向下俯冲的过程中速度逐渐加快，俯冲运动贴近大楼的楼体（图 B）。视角越来越接近于笔直向下，直到接近人流、车流密集的街道上方（图 C）。镜头运动速度陡然减慢，视角也由笔直向下恢复了一些倾斜，男主角从无法辨认的人群中停下脚步，抬起头摘掉礼帽（图 D），如同在仰望刚才运动的起点——直冲云霄的摩天大楼顶部，也更像是在进行一次仪式性的对自己飞黄腾达的未来的眺望。整个运动一气呵成，视觉冲击力极强。

同时,也如同上帝视角般在浮华都市的芸芸众生之中,找到了男主角所处的位置。一方面体现出故事主人公的普遍性,另一方面烘托了一种微妙的不安感。在锥体空间利用上,镜头运动最为强烈的部分,空间压缩也最强,从图 A 到图 C 的运动主体区段画面占用的锥体空间都保持在-0.5%附近。直到运动结束,画面占用的锥体空间才延伸到 0.1%—1.2%这一相对较广的视差空间。谨慎地使用锥体空间,保证了整个运动过程中立体感不与速度发生矛盾,保证了观众观看时的舒适性。

图 3-10　特效俯冲镜头

第三节　锥体构图中的特殊运动

　　无论是画面内物体的运动还是摄像机自身的位置变化,这些运动在平面影像媒介的拍摄、制作中存在已久。立体影像媒介通过增添"视差"维度,

将这些运动从画面上的二维映射转化为锥体空间中的三维空间变化，因而产生了新的观感和新的意义，更新了视听语言现有的"词汇"。与继承以往影像媒介的运动不同，立体影像的锥体空间中引入的会聚、瞳距等新参数则为立体影像增添了新的运动方式。这些新的运动方式，有的在平面影像媒介中可以找到对应的方式，而有的则仅存在于锥体空间中。此外，由于锥体空间构图的特殊性，变焦、手持跟拍和升降格这些在平面影像中已经属于相对自然视觉较陌生的运动，在立体影像中的特性和意义更为特殊。本节将对这些特殊运动在锥体空间中的形态、特性和意义进行讨论，并与其在平面影像媒介中对应的运动模式进行对比。

一、会聚位置变化

在对锥体构图空间的构成进行讨论时，本书已经对第二次空间映射中的零视差位置，也就是会聚位置的特殊作用和意义进行了初步的、静态的探讨。会聚位置不变，意味着第一次空间映射和第二次空间映射整体的空间挤压或拉伸保持不变。此时画面中的物体如果在视差方向上运动，则会在第二次空间映射的锥体空间中发生相应的视差运动，如本章中图 3-3 的正视差方向运动和图 3-4 反复的纵深运动所示的例子。如果摄影机位置发生运动，则整个实际空间会随着摄像机的运动在固定的锥体空间中对应运动。如同在第一次空间映射时，用一个虚拟的、固定的锥体从现实空间中截取出一块空间，对应到第二次空间映射的锥体空间中。本章前文中的图 3-7 可以形象地反映这一过程。而在动态立体影像的实际作品中，会聚位置往往是经常发生变化的。改变立体画面的会聚位置的情况可归纳为以下两种。

（一）与机位运动相关的会聚变化

最常见的情况是在机位运动时，有时需要通过改变会聚位置来保持画

面中物体在第二次空间映射中的锥体空间位置。这种情况尤其是当摄像机在视差方向上运动时更为常见。当摄像机与物体间的距离发生变化时,物体的影像在第二次空间映射的锥体空间中将会发生视差变化,从而在视差空间中前后"滑动"。如想将其影像固定在锥体空间中,则需要相对改变第一次空间映射时的会聚位置设定。如在运动的起始点画面主体处于零视差面附近,摄像机沿正视差方向向前推动。如果会聚位置不变,那么画面主体会随着摄像机运动在锥体空间中向负视差方向移动。

如果会聚位置始终锁定在画面主体上,则在机位运动过程中,画面主体始终处于零视差面上。但需要注意的是,随着摄像机接近画面物体,会聚距离会越来越短,所产生的会聚角度越来越大。在这个过程中,瞳距和摄像机与物体之间的距离的比值会越来越小。因此,画面主体的圆度也会越来越夸张,正视差空间的立体安全范围(锥体空间的高)也会急剧收缩。反之,如果摄像机沿着正视差方向后退,则画面主体的圆度会越来越小,正视差空间的立体安全范围会迅速扩张。这一变化过程与人眼的自然视觉体验是相匹配的。唯一不同的就是人的视觉可以自动适应并忽略大会聚角观看时引起的融像问题和正视差安全问题,但在立体影像拍摄和制作时,则需要通过截断拍摄空间、缩小瞳距、后期削弱视差等方法保持立体影像处在安全范围之内。

无论运动方向如何,画面主体在第二次空间映射中的位置是保持不变的。在机位运动过程中,锥体空间的负视差部分所对应的物理空间深度是变化的,而在第二次空间映射时,这个不断变化的实际空间被拉伸或挤压到由观众视点与屏幕构成的固定的负视差空间中。如果摄像机沿负视差方向向前运动,则是在不断压缩负视差空间对应的空间范围,同时将这个不断压缩的空间拉伸以匹配第二次空间映射固定的负视差空间;如果摄像机沿正

视差方向向后退，则在不断扩大负视差空间对应的空间范围的同时，将这个不断扩大的空间挤压以匹配第二次映射。这也从侧面解释了会聚对于圆度的影响。

（二）与焦点变化相关的会聚运动

人眼的会聚与焦点位置是联系在一起的，即使视点位置不变，当目光焦点位置变化时，双眼的会聚也会随之变化。也就是说，人眼在一个空间内的固定位置上，可以通过调整会聚来对这个空间内的多个物体形成不同的锥体空间。这种伴随会聚调整的逐点观察与扫视相结合，形成在特定空间固定位置上的不同立体视觉观察，人的立体视觉可以对空间进行多次、多样的测量。在固定位置上调整会聚弥补了运动视差和透视变化的不足，增强了人们对特定空间及其内部重要物体的空间感和体积感的认知。

在立体影像中，由于两次空间映射确定了物理空间映射到观看的锥体空间中的方式，加之多种视线引导因素的使用，观众往往不能在固定空间内自由观看。这一矛盾在讨论立体影像的视线引导（第二章第三节）时已经进行过讨论。以"完整空间还原和自由观看"思路摄制的立体画面，允许观众通过双眼的运动让视线在画面中游走，以产生完整的空间感；而在"有限空间还原和引导观看"思路下摄制的立体影像作品，则通过密集的视线引导手段紧密控制着观众的双眼，通过画面所规定的视点"窥视"拍摄的物理空间。第一种思路主要用于节奏较慢、情感较客观、偏说明性质的纪录片，而节奏较快、带有强烈情感的故事片则倾向于使用具有明确实现引导的优先空间还原方法。此时画面的创作者则要充分地考虑观众观看的感受和体验，用立体画面自身的运动代替观众双眼自主的运动。此时会聚变化在立体画面的空间营造中是非常重要的手段之一。

　　当机位不发生变化而会聚位置发生变化时,锥体空间的变化与人眼在现实空间原地注视空间中不同位置的物体时的变化相似。但由于立体影像的拍摄和回放比人眼的自然视觉多一次空间映射,即第二次空间映射的锥体空间是由观众与屏幕之间的位置关系确定的,因此当锥体空间中的会聚位置变化时,依然存在与机位运动相关的空间拉伸或挤压效应,所得的立体影像负视差及靠近区域的圆度也会随着会聚位置远离而降低(扁平化);随着会聚位置靠近负视差,其附近区域的圆度会逐渐增加。

　　在景深较浅的镜头中,当焦点脱离会聚位置单独运动时,锥体空间映射关系不变,而观众的视线会随着焦点的变化运动到新的聚焦物体上。这种情况在人的自然视觉中并不存在,但由于视线跟随焦点这一习惯已经养成,因此类似的运动只要视线引导适当、变化速度不快,一般不会引起观众视觉上或心理上的不适感。尤其是当焦点位置在空间中的两个人物或其他重要物体上切换时,观众可以轻松地适应这种辐辏运动。当空间关系不变、焦点引导视线在空间中探索时,可以让观众对画面所表现的空间观察得更加细致,得到类似"完整空间还原"的效果。

　　当会聚脱离焦点位置单独运动时,锥体的空间映射关系会随着会聚位置的运动发生变化,观众的视线还被焦点位置固定在空间中的某一深度上,此时观众会感受到空间映射的变化。这种空间映射的变化对于人眼来说是陌生的,画面中发生明显的类似运动,会像变焦(甚至如同希区柯克变焦)一样,提示观众画面空间的假定性,并凸显镜头这一媒介的存在。对于致力于营造"沉浸感"的立体画面来说,这种运动会产生跳出感。而当用于表达眩晕、靠近或远离的主观意象时,这种运动会带来非常外化的主观空间变化。因此我们需要根据影片的基调或段落的需求谨慎地使用。

二、瞳距（基线）变化

人眼的瞳距是相对固定的参数。虽然随着年龄增长，人的瞳距会发生变化，但变化过程是难以察觉的。对于立体影像，瞳距（基线）是第一次空间映射需设定的重要立体参数之一。瞳距的大小会直接影响到立体画面中物体的圆度、空间的映射关系和立体画面的安全范围。瞳距的设定，一般会综合考虑拍摄时的场景和观看时的情景，通过立体视差计算器的辅助和立体图像师的经验综合判定。对于一般的立体制作，第一次空间映射时设定的瞳距确定了立体画面的基调。虽然通过后期修改可以调整第一次空间映射的瞳距，但由于效率极低、效果非常差，因此仅作为微调或者补救措施。这里讨论的瞳距（基线）变化，是指在立体拍摄时，通过电控立体机架精确控制立体摄像机组真实发生的瞳距变化；或者是在立体转制时，手动设定的虚拟摄像机之间的瞳距变化。

当一个镜头内立体摄像机的瞳距发生变化时，会产生整个立体空间深度、强度的急剧变化。如图 3-11 所示，画面的上半部分使用 2 厘米的瞳距进行拍摄，画面的下半部分使用 6 厘米的瞳距进行拍摄。虽然拍摄的空间、摄像机的位置和会聚等立体参数均未发生变化，但是所得的立体画面在锥体空间中所占的深度范围发生了变化。当这一变化连续发生在立体画面上时，观众可以明显感受到立体画面整体深度的变化，这凸显了画面空间的假定性。然而，瞳距变化在镜头之间的跳变却不会引起画面空间的异样感。即使是从空间 A 切换到空间 B 再以不同的瞳距切回空间 A 时，所引起的空间深度变化一般也不会引起观众的注意。在实际操作中，经常用不同瞳距的镜头剪辑成为空间逐渐变化的段落，以匹配不同的空间表现需求。

当摄像机在视差方向上运动时，尤其是沿负视差方向靠近画面主体，使

IO: 2 cm
Disparity: Min -0.63% Max 2.78%

IO: 6 cm
Disparity: Min -1.73% Max 3.95%

图 3-11 瞳距(基线)变化的画面

画面主体的景别迅速收紧时,往往会同时调整会聚位置和瞳距。为了保持画面主体在锥体空间中的位置相对固定,会聚位置会随着摄像机靠近主体而相对缩短。但此时画面主体的圆度会提高,立体安全范围也会缩小。为了保持圆度处于正常范围内,同时立体安全空间能够保证覆盖原有的空间范围,人们往往会在运动的同时缩小立体摄像机组的瞳距。此时的立体画面构图发生了较大变化,但圆度和安全范围变化较小,保持了相对的稳定性。即使空间映射关系是不断变化的,画面的观看体验会接近于平面影像对空间的假定性处理,因此视觉和心理体验也会很自然。

三、变焦和升降格

在平面影像的拍摄中,人们对不同焦距镜头的使用往往注重于其对空间不同的映射效应,而不是不同焦距镜头的视角区别。如长焦镜头既能使

人产生一种现场实拍的纪实性印象，又能获得把景物压缩在一个平面上的效果，使人物向镜头走来或跑来时仿佛在那里原地踏步［如《毕业生》（1967）中，本杰明向着伊莱恩要举行婚礼的地方狂奔那个著名的镜头］。①对于立体影像来说，不同焦距镜头对空间的映射不再局限于静态的二维画面空间中，而是真实地反映在三维的锥体空间内。尤其是在运动镜头中，不同焦距对于物理空间或挤压或拉伸的效应则更加明显。

当镜头焦距在一个镜头中发生变化时，在平面影像中表现出的主要是画面视场的变化。而在立体影像中，除了画面视场的变化外，还会增加空间映射关系的变化。由于第一次空间映射的锥体空间需适配第二次空间映射，而第二次空间映射是相对固定的，因此拍摄时的焦距增大，视场缩小，锥体空间变得细长，而对应到第二次空间映射中，则会显现出空间被拉伸的效果；反之，如果拍摄时的焦距减小，视场增大，锥体空间变得更粗壮，对应到第二次空间映射中就会显现出更广阔的立体空间被压缩到原有的锥体空间中的效果。前者会引起立体感的增强，而后者会引起立体感的削弱。此外，焦距变化时，立体安全区域的变化是非常剧烈的。一般来说，焦距越大，立体安全区域的深度就越短。因此在变焦镜头中，往往通过构图变化或会聚、瞳距的同时变化，保证立体安全区域的深度范围相对稳定。

图3-12所示的镜头选自《阿凡达》中制止机群起飞的段落。图 A 为镜头的起幅，是一个空间被正在起飞的飞船阻塞的长焦画面。较大的镜头焦距使得空间中前后分布的飞船体积透视被消除。同时在立体空间中，也仅仅利用了从-0.86%至0.88%这一狭窄的锥体空间范围。图 B 为镜头的落幅，镜头焦距急剧减小，视场豁然开朗。由于焦距减小，增强了体积透视效果，画面上原本被主体飞船遮挡的广阔空间显露出来，因此可以看到更多正

---

① 波德维尔.强化的镜头处理——当代美国电影的视觉风格［J］.世界电影,2003(1).

在列队起飞的飞船和远景的工业设施。此时画面的锥体空间使用了从-1.01%至0.94%这一相对宽裕的范围。在一般的立体画面中,画面使用的锥体空间扩展往往是由机位运动或遮挡物体移动引起的实际空间变化,而在这个镜头中,实际空间和机位都没有变化,而是通过变焦使第一次空间映射的空间关系在观众面前发生了变化,营造了明显而非常特殊的视觉感受。在整部影片中,类似的变焦镜头也是绝无仅有的。这里使用变焦镜头配合轻微的抖动,制造了强烈的紧张感。

图3-12　立体画面中的变焦镜头

升格、降格与变焦都属于人眼的自然视觉所不具有的功能。升格和降格能在时间维度上拉伸或压缩镜头所表现的运动,能够产生放大细节或展示宏观变化的特殊视觉和心理体验。无论是在说明性的纪录片中还是叙事性的故事片中,升降格都是一种特殊的视觉风格化手段。此外,在突出形式感的音乐电视、广告或科幻、动作片中,突变的升格或降格可以成为片中的主要视觉形式。在使用升格镜头打断时空的连续性时,"创作者有时宁愿牺牲一些故事的连贯和整合。与可能引起的观众'出戏'的感觉相比,表现动作姿态的作用更重要"①。

立体影像的升降格增添了对更加写实的空间观看的时间自由,从而能

---

① 索亚斌. 动作的压缩与延展——香港动作片的两极镜头语言[J].当代电影,2005(4).

够产生与在平面影像中类似的特殊视觉和心理体验。在锥体空间模仿人眼的自然视觉体验基础上,由升格引起的时间拉伸对运动细节的放大和由降格引起的时间挤压对运动的抽象,具有介于真实与虚幻之间的"间离感",所产生的风格化效果更加强烈。如《300:帝国崛起》中的升格动作段落:镜头随着武士们的厮杀在战舰之间穿梭,原本仅为瞬间的动作被升格固化为缓慢运动的雕塑,流畅的动态影像画面随着升格变为了绘画感强烈的凝固瞬间。原本在快速运动场景中,为了保证观看舒适而压缩的锥体空间,在升格画面中可以大大扩展,将瞬间快速运动的空间和人物细节进行细致的刻画和完整的立体表现。无论是错综的人物空间关系、飞射的兵器,还是船体碰撞激起的海浪或是武士伤口溅出的血花,在立体空间的升格镜头中,都得到了夸张的渲染。正如升格慢动镜头的功能,"在很多情况下,单一画面本身的感染力可能差强人意,但慢动作的加入,会放大画面细部或重点表现,容易激发人们的关注与联想"①。如此写实的细节在特异的时间流动中引起的视觉体验,无疑是常速的立体画面所难以营造的。

四、跟拍和手持摄影机运动

在平面影像媒介中,由于视差的缺失,影像的带入感有所欠缺。在需要表现强烈的带入感和临场感的镜头中,跟拍和手持摄影机运动成为"代替"观众在场景中运动的主要形式。在电影《拯救大兵瑞恩》中,由于采用了手持摄影与摄像振动器结合的拍摄方式,制造了大量晃动、颠簸的低稳定性运动画面,生动真实地表现了战争的激烈与混乱,使观众感同身受。② 其中,游离的视角和不平稳的运动模拟了真实的视觉体验,从而使画面产生粗糙的写实感。此外,这种不平稳的运动已经成为视听语言中约定俗成的"修辞方

① 赵芳.慢镜头的功用和作用[J].科教导刊,2011(2).
② 刘春雷."动之美"——电影运动镜头的独特表现魅力[J].电影评介,2008(1).

法"，即使配合急速的变焦等其他激烈的运动，观众也能体会其营造带入感的用意。从生理上讲，节奏加快带来的变化会立即显现出来：声调、音频、环境声的变化，都会使听觉迅速做出调整；急转弯时脚步的忙乱；奔上楼梯时我们全身的血流加快，心率加速。虽然手持摄影无法再造这种生理反应本身，但它却能通过上下颠簸和左右摇摆来重现与动作者所感受的刺激一致的视觉共鸣。反过来，观众"承认"这一切更真实、更生动。

立体影像虽然补充了视差这一重要的因素，但是由于立体拍摄设备沉重而庞大，因此在很长的时期内无法做到自由地跟拍和手持运动。不过，随着立体摄像机的小型化趋势出现，这种单纯由于技术因素造成的壁垒正在逐渐被攻破。以卡梅隆佩斯集团研制的小型肩扛式立体摄像系统和 Go Pro Hero 微型摄像机组成的立体拍摄组为代表，立体镜头的自由跟拍甚至手持拍摄已经可以实现。通过不同的立体摄像器材，《勇者战场：美国内战》的导演大卫·潘德斯可以拍摄从战场全景到单人特写的广阔空间。有时候甚至用到了微型的立体摄像机拍摄第一人称视角的画面，将观众完全置身于战场之中。在立体转制的影像作品中，拍摄则更不会受到影响。

然而，事实上，在立体影像作品中，像《拯救大兵瑞恩》一样大量晃动、颠簸的镜头依然比较少见。这是由于，立体影像通过两次空间映射，更加直接地"替代"了观众的双眼，使观众形成一种通过屏幕"窥探"的错觉。如果第一次空间映射时过于晃动，在立体安全性和连贯性问题之外，观众会产生过于真实的运动感，从而与前庭器的运动感知发生矛盾。这种矛盾产生的不适感如同坐在减震良好的轿车内"晕车"的体验。在立体影像作品中，频繁的镜头摇动或甩镜头所产生的不适感更加强烈。

在画面要求必须通过不稳定的运动表现激烈的运动和强烈的带入感时，立体影像往往偏向于机位运动（或颤动）强于视角摇动（或晃动）。机位

运动在锥体空间内产生的视场变化要远远小于摇镜头产生的视场变化,空间的变化也更加连贯。这样可以为观众的立体视觉留出足够的适应时间。一些立体影像作品在遇到此问题时,会配合缩小拍摄时的瞳距,以压缩场景在锥体空间中占用的深度,这样可以大大降低画面中物体的圆度,以避免观众产生疲劳感和眩晕感。这如同斯坦尼康对于平面影像的稳定作用,"相对于人体自动地调节运动中颠簸的伺服机制来说,手持摄影作为人的主观视点而采取的表达方式,是纯属造作的。换言之,与手持式摄影机相比,斯坦尼康稳定器提供给我们感官的运动形象更具有生理上的真实感"[①]。这种经过稳定处理的真实运动感,在立体影像领域尤为重要。

---

① 热恩.视像与力量——斯坦尼康稳定器的作用[J].世界电影,1995(3).

第四章　锥体空间与立体影像表现力

第一节　沉浸感

一、立体影像沉浸感的来源

在体验研究领域,沉浸感的概念由 1975 年美国芝加哥大学的米哈里博士提出。他认为,人们在进行一项活动时,如果完全投入到情景当中,注意力集中并过滤掉不相干的知觉,就进入了一种"沉浸"的状态。[1] 对于影视媒体来说,沉浸感是一个相当综合的概念。它既可用来形容观众身心投入的体验状态,又可以指这种观看体验的视听手段。在虚拟现实领域,"所谓沉浸性,是指能让使用者产生自己似乎完全置身于虚拟环境之中,并可以感知和操控虚拟世界中的各种对象,而且能够主动参与其中各种事件的逼真感觉。这种虚拟现实传播交流的沉浸性特征主要体现在使用者身体的感知系统和行为系统"[2]。虽然当下电影的互动性达不到游戏或虚拟现实的程度,但视觉上充分的沉浸和精巧的引导也可接近真实"互动"产生沉浸的效果。

---

[1] 韩帅.电子游戏中的交互、沉浸与审美[J].产业与科技论坛,2011(10).
[2] 杭云,苏宝华.虚拟现实与沉浸式传播的形成[J].现代传播,2007(6).

与电影史上为了营造更强的沉浸感而发展出的技术手段如立体声、宽银幕和巨幕格式等相似，立体影像——无论是用于大屏幕的电影还是小屏幕的移动媒体——营造沉浸感的特性受到了前所未有的重视。"沉浸感"及其他描述方式如"临场感"，几乎已经成为立体影像的标签，被创作者和消费者推向了前所未有的高度。《阿凡达》视效总监乔·莱特瑞在谈到立体效果时说："3D 是一种让你能够像就在现场亲眼所见一样的工具，（《阿凡达》的 3D制作）主要目的就是给你一种就在现场的存在感。"

亚里士多德在《诗学》中提出："……必然在三种方式中选择一种去模仿事物：照事物的本来的样子去模仿，照事物为人们所说所想的样子去模仿，或是照事物的应有的样子去模仿。"①美术作为一种拥有写实能力的影像媒介，"照事物的本来的样子去模仿"是可以实现的。无论是古希腊的雕塑还是 19 世纪兴起于法国的"写实主义"美术思潮，它们都在形式上追求对真实的典型化还原。然而，从远古的壁画到当今的美术作品，更多的是采取了后两种观照现实的方法。究其缘由可以看出，美术作品画面的"表现力"一直以来完全是依赖创作者的笔触或雕琢通过人工实现的。无论是米开朗琪罗为教堂绘制的壁画，还是安迪·沃霍尔的波普艺术作品，虽然基础素材的获得方式已经由画家的速写本变为了照相机，但其作品都并不是主要追求通过写实的形象营造沉浸的观感。20 世纪后半叶，油画领域以"照相写实主义"（Photorealism）为代表的"超写实"（Hyperrealism）流派盛行于美国，但美术作品对于"写实"或"沉浸"的追求，依然深深地埋藏于"事物应有的样子"的造像追求之下。

而以照相术为基础的影像媒介，尤其是动态影像媒介，由于其天生具有"自动"的感光特性，因此"事物的本来的样子"是直接记录在影像媒介中的。

---

① 亚里士多德.诗学［M］.天蓝，译.上海：上海新文艺出版社，1953.

安德烈·巴赞在《电影是什么》中指出："电影这个概念与完整无缺地再现真实是等同的;他们所想象的就是再现一个声音、色彩和立体感等一应俱全的外在世界的幻影。"①这种完整还原真实的特性,不仅为影像媒介的"写实"手段提供了技术基础,更为"沉浸感"的营造提供了基础质料。在以照相术为基础的影像媒体中,沉浸感与真实感往往密不可分。真实感或写实性为影像的沉浸感的营造提供了基础质料。充分的视野占有率和声音、运动等其他因素配合,可以进一步增强观看的沉浸感。

在以照相术为基础的影像媒介上,立体影像的锥体空间可以增强影像的沉浸感。平面的影像媒介营造影像的构图空间与传统绘画作品相同,均固定在一个矩形平面内。这种映射到平面的构图空间本身即是对物理空间的一种抽象。而人的视觉本身即是立体的,在由视场构成的近似锥体的立体视觉范围内,对物理空间进行三维的观察和理解。平面的影像媒介,如绘画、摄影、电影、电视等,通过对非视差因素的综合利用,在平面的构图空间中营造立体感。而立体影像本身具有锥体的影像空间。锥体空间在维度上与人的立体视觉统一,在空间形态上与人的立体视场接近。U2 乐队艺术指导凯瑟琳·欧文在制作演唱会立体电影《U2 3D》时说:"我对于 3D 的直觉就是:它是一个可以让你沉浸到表演中的虚拟现实。"在影像塑造上,3D 更接近真实的完整视觉体验。这种构图空间与视觉空间形态上的同构,是立体影像沉浸感最重要的来源。

对于"非照片写实"(non-photorealistic)风格的影像,立体影像的锥体空间更成为故事本身之外沉浸感的来源之一。在以照相术为基础的影像媒介、模拟物理光能传递方式的 CG 渲染中,影像的风格基本是以照片式的写实风格为主的。而近年来,随着数字图像处理技术和非写实渲染(NPR)技

① 巴赞.电影是什么[M].崔君衍,译.南京:江苏教育出版社,2005.

术的发展,在动态影像媒介中展示主观"扭曲"的影像风格成为可能。这些非照片写实风格的影像,有的模拟某种美术手法(如水墨 CG 动画),有的以新形式探索为追求(如光场动画)。它们共同的特征是抛弃了"事物本来的样子",影像的真实转向情感的真实、艺术的真实。在立体影像的锥体空间中,这种风格影像的展示通过辐辏运动等生理性线索,可以为"主观"的影像形式提供"真实"的观看体验。这往往能够激发人们强烈的视觉探索欲望,同时营造虚幻仙境般的沉浸感。

二、立体影像沉浸感的特征

首先,立体影像沉浸感的基本特征是仿生性。如前文所述,立体影像的锥体空间与人类立体视觉空间形态上的接近是立体影像沉浸感最重要的基础。立体影像正是通过对人的立体视觉原理的模仿来实现立体感的营造的。而立体影像营造的沉浸感,直接继承了视觉的"真实体验",从而使其具有很强的仿生特性。这种仿生性体验直接作用于影像产业的结果是:电影消费者已经不满足于"看电影"的过程,而是需要去亲身"体验"或者"经历"电影所描写的内容世界。① 在获得直接的沉浸体验之外,这一特性也对立体影像的沉浸感营造提出了更为苛刻的要求,即对人类立体视觉的全面掌握和合理模仿。这不仅对影像艺术创作者来说是一个巨大的课题,对视觉生理、心理研究来说也是十分困难的。

其次,立体影像沉浸感的显著特征是其直接作用性。由于立体影像的仿生性特征,立体影像营造的空间无须其他辅助因素也可直接成立。当立体影像呈现在银幕上时,其真实的空间感和非视差线索可立刻使观众产生对空间的认知,从而使其在很短的时间内建立沉浸感的基础。这种沉浸感

---

① 张宏.3D 时代中国电影内容产业持续发展的思考[J].当代电影,2010(7):5.

在合理模仿范围之内,立体影像的沉浸感强烈而自然;但如稍有逾越或异常,立体影像就会使观众产生生理或心理上的不适感。这也从反面证明了立体影像沉浸感的直接性。

再次,立体影像沉浸感是不稳定的。与物理空间不同,立体影像的锥体空间经历了两次空间映射的裁剪和挤压,最终与观众的视场锥体融合。这一过程中的物理空间经历的多次变化,均有诸多变量会影响立体影像对空间的塑造。当前后镜头之间的立体空间存在较大差异时,立体影像的沉浸感会受到影响;观看位置、视角的变化也会引起立体画面空间不自然的变形,从而影响立体影像沉浸感的营造。此外,任何在放映、观看环节导致立体视差缺失的情况均会破坏立体影像的沉浸感,如在采用线性偏振立体眼镜的 IMAX 影院中侧向旋转头部,或采用主动快门式立体眼镜的家用立体电视红外同步信号被遮挡等。还有一个不可忽视的因素是观看立体影像时现实空间与影像空间之间的矛盾。如在影院中银幕空间营造近景的小空间时,前排观众起身走开。这种影像空间与现实空间之间的"矛盾"会直接打破立体影像营造的沉浸感。加之屏幕视场占有率的因素,在非全黑的家庭环境中和无法控制的移动屏幕上,立体影像的沉浸感比影院环境所营造的沉浸感要弱很多。

最后,立体影像沉浸感还具有综合性。立体影像的沉浸感作用于视觉,虽然可以仿生地、直接地形成强烈的沉浸感,但由于人体感官和心理因素的综合性,立体影像营造的沉浸感往往需要与声音、运动等其他因素相配合,综合地营造完整的沉浸体验。环绕立体声是立体电影所广泛采用的增强沉浸感的手段之一。立体声技术的发展与影像技术类似,其还原的维度在不断地跃升。在双声道立体声电影诞生时,画面技术的焦点在于高质量平面画面的营造;随着宽银幕、巨幕的发展,是环绕声而不是画面,第一次将电影的表现空间从银

幕平面延伸到剧院空间；当立体电影终于使构图空间从矩形的平面跃升至三维的锥体后，"多平面立体声"将立体声的维度也带入了完整的三维空间。除声音外，能够制造震动、移动和俯仰加速感的座椅也为立体影像沉浸感的营造提供了动感体验维度的补充。虽然目前绝大部分所谓"4D"电影仍处于粗制滥造的杂耍层次，但影院的"4DX"系统等已经对诸多影片进行了"4D 化"，在综合运用视听、机械、光电手段方面做出了大量积极的探索。

三、立体影像沉浸感的营造

立体影像的沉浸感在营造手段方面继承了诸多传统的画面因素，即画面的光影细腻程度、"在场窥视"的构图以及具有"交互"意味的画面元素的运用。这些因素在静态的美术作品和动态的影像媒介中均起着重要的作用。而以电影、电视和移动视频为代表的动态影像媒介，在使用立体影像营造沉浸感时还存在一些特有的手段。立体影像沉浸感的最基本前提是安全、稳定的立体画面，即第一次空间映射的准确实施。在此基础上，其他手段可根据其存在的维度被分为"空间因素"和"时间因素"两类。综合来看，沉浸感属于较为"稳定""保守"的立体效果，相关手段也偏向于营造稳定的立体画面。

（一）空间因素

传统的动态影像媒介在矩形的平面空间内通过非视差因素营造空间，而立体影像媒介在其基础上增加了视差这一人眼自然感知空间的方式。因此对于立体影像来说，视差的锥体空间的种种属性叠加到了画面元素之上。善用锥体空间构图可以营造更为生动的沉浸感。

首先，消除镜头的存在感是立体影像营造沉浸感时的主要追求。野生

动物纪录片拍摄者维奇·斯通在谈到利用立体影像创作时说:"一旦观众注意到了镜头的存在——无论是焦点变换、音效还是 3D 效果——都会打破观众在故事中的沉浸感。"这与大脑对真实世界的认知方式密切相关。当双眼获得的影像是以"真实的"或称"合理的"方式展现时,大脑会逐渐适应影像媒介的诸多缺陷,"跳过"敏锐的视觉辨别能力而将注意力放在画面的内容上。此时如果影像发生了属性变化,如焦距、瞳距、会聚或曝光组合发生了明显的变化,大脑会将注意力移回对影像媒介本身的"判断",从而打破了影像本身营造的沉浸感。

根据这一因素推断,如果想要营造沉浸感,在进行拍摄时,就要尽量避免让立体摄像机组做出人眼所不能做出的动作。但也有例外。如在拍摄靠近演员的运动时,立体摄像机组会随着靠近演员缩小瞳距、调整会聚。这种调整对于人眼来说是无法做到的。其目的是保证立体画面的安全性和舒适性,在主观上营造更为顺畅的立体视觉体验,因此它并不会由于镜头的存在而引起观众对画面"直接观看"的怀疑。另一个例外是镜头光晕这种仅存在于光学设备而不存在于人眼的"瑕疵"效果。观众已经适应镜头光晕效果,即使是在以营造沉浸感为主要目的的画面中。立体制作者经常为了去除画面中的镜头光晕而付出很高昂的成本,但最后还需将镜头光晕添加回画面中——因为观众认为存在光晕的画面才是"真实"的。

其次,巧妙的布光是增强立体影像沉浸感的重要手段。如在拍摄《U2 3D》时,与以往的宣传片或音乐会录像不同,欧文选择保持演出现场整体暗调但偶尔闪亮的布光,并且利用了场馆内大面积的暗影区域来增强观众对乐队的亲近感。[①] 类似的布光思路与舞台追光的效果类似,可通过亮度产生强烈的注意力引导,同时四周的暗区可将画框这一影响沉浸感的重要因素

---

① PENNINGTON A, GIARDINA C. Exploring 3D: the new grammar of stereoscopic filmmaking[M]. Focal Press, 2013:66.

尽可能隐藏掉。此外,跟随摄影机作为主观视点运动的灯光(如火炬),也可增强"窥探"产生的沉浸感。如《电子竞技场:遗产》中架设在摩托赛车前轮上的主观镜头,充分利用了车灯作为视线引导的因素,与连续的运动一起营造出极为令人印象深刻的"临场感"段落。

最后,合理的镜头调度是立体沉浸感的重要保障。镜头调度这一概念借用自传统的视听语言体系。在立体影像媒介中,镜头调度除了交代位置、说明关系、描绘运动外,还承担着营造空间的重要作用。虽然对于立体影像媒介来说,单一、静止机位的空间营造能力由于视差因素的加入要远远高于非立体影像媒介,但是运动和视点的变化依然是其重要的空间营造手段。营造空间的过程如同在观众的大脑中进行场景的"三维建模",当观众对所表现空间心中有数后,对于存在于该空间中的人物、物体和发生的运动就有了充分的参考坐标。这一过程对于含有快速的运动镜头或较大景别画面之间快切的段落来说,是非常必要的"背景交代"前提。

立体总监维姆·文德斯在谈到立体舞蹈电影 *PINA* 时说:"我看过很多以前的舞蹈电影,它们都印证了我的疑虑:在舞蹈和电影之间存在转换的问题,一堵无形的墙将现场的感受与银幕前的观看分隔开。我现有的工具无法突破这堵墙,也无法将它变成透明。(当看到《U2 3D》在戛纳电影节的首映时)我立刻知道那就是我所等待的。《PINA》立刻变成了一个 3D 项目。当字幕播放完后我立刻在电影院里给皮亚打了电话。我无需向她过多解释,她说她已经知道应该如何做了。3D 比平面的拍摄可以让我们更好地理解她对舞蹈编排的整体设计。"这里所说的舞蹈编排,主要是以舞台为空间的舞者运动,在影片中,除客观地从观众的"皇帝位"视角观看立体舞台外,还大量运用了舞台上的机位来充分地对舞台空间进行空间描写。在这个过程中,观众会和摄像机一起从舞台前门走上舞台,最终融入舞蹈表演,获得

强烈的沉浸感。这种创作思路和手法在詹姆斯·卡梅隆拍摄立体杂技电影《太阳马戏团——遥远的世界》时变得更加成熟。卡梅隆使用了变化更加丰富的机位,不仅真实地展现了整个表演的空间,更生动地表现了表演者的细节,使得表演不仅发生在观众眼前的屏幕后面,更如同发生在观众的周围。这种更加具有沉浸感的立体影像策略,相比《皮娜》或《卡门3D》的自然空间重现策略来说,更加适合活泼的题材或带有叙事和丰富情感的故事。太阳马戏团执行制片人雅克·梅斯在形容这种沉浸感时说:"观众并不是置身事外地观看面前发生的马戏,而是被角色和表演所包围。"①

（二）时间因素

在立体影像中,时间还承载着产生节奏、蒙太奇意义等其他重要的功能。如何平衡立体画面与剪辑节奏之间不同的时间需求,一直以来都是立体影像创作者难以解决的问题。然而,让观众产生沉浸感的不可或缺的因素就是时间。这与其他体验中沉浸感的营造是相同的。在以营造沉浸感为目的的段落中,剪辑节奏不得不稍微放缓,以保证有足够的时间让观众适应立体画面、接受画面的真实性继而产生沉浸感。立体CG动画电影《极地特快》的导演罗伯特·泽米基斯说:"（时间较长的镜头）给了观众更多可以四处查看的时间,以使观众更能'进入'镜头中。"

汇聚目光与其他肌肉反应一样,需要一定的时间。而且人眼调节目光焦点距离的汇聚运动要远远慢于调节双眼观看方向的平面运动。这一生理特点决定了如果立体画面之间的空间关系相差很大的话,观众则需要较长时间进行适应。提姆·文德斯说:"在剪辑实践中证明,镜头间保持视野范围不变会看起来更舒服。"其中"保持视野范围不变"即锥体空间的第一次空

① PENNINGTON A, GIARDINA C. Exploring 3D: the new grammar of stereoscopic filmmaking[M]. Focal Press,2013: 93.

间映射关系保持不变。然而，在一部作品中，完全保持空间关系不变既不可取也不可能。在创作实践中得到广泛认可的说法是"问题不在于你能否（在3D 电影中）进行快速剪切，而在于你不能快速地在深度空间内跳变"。因此在空间变换时，给观众足够的时间适应，辅以合适的线索引导，可以避免对沉浸感的负面影响。如通过至少4帧长度的叠画、划像和分层融合等手段，《U2 3D》的剪辑师在保持深度感连贯的情况下，实现了较为自如的镜头切换。但有时候为了做到深度连贯，需要叠画的素材多达5层不同深度的画面。这种空间的连续变化避免了观众频繁适应新的空间关系，使观看体验更加连贯，从而保证了沉浸感的营造。

第二节　眩晕感

一、立体影像眩晕感的来源

相对于沉浸感的"保守"与"隐藏"，立体影像的眩晕感是立体影像避之不及但又不断探索的领域。这里的"眩晕感"既包含由激烈运动产生的头晕目眩的运动体验，也包括站在悬崖边缘时带有恐惧的心理体验。这是一种在影像媒介中视觉体验超出情感体验的强烈感觉。平面影像的眩晕感的营造，完全依赖于画面的内容；而立体影像本身可利用其锥体空间及与视觉肌肉、视觉心理的直接关联，通过画面内容或锥体空间的相关属性变化来制造更为"生动"的眩晕感。从眩晕感的成因来看，立体影像中产生眩晕感的主要来源有以下三类。

一是由于难以融像而产生的眩晕感。这类眩晕感可以被归类于不安全

的立体影像产生的视觉不适感,应尽量消除。由于拍摄设备和放映设备难以保证光路的稳定和平齐,制作设备难以保证左右路画面的完全一致,从立体影像诞生之日直至当今,这一类型的眩晕感是立体影像力求消除而又难以避免的难题。自立体影像的原理和摄影术为大众所知之后,大批有着不同背景的创作者对立体摄影术和回放技术进行了大量的尝试,但是这些早期的尝试大多数并不成功。这些失败的尝试在 1869 年被结集成册,成为"立体影像会导致眩晕和头痛"这一概念最早的集中呈现。这一情况并没有随着设备和技术的进步得到改善,在每一次立体影像浪潮中,都会出现由于影像技术瑕疵引起观众眩晕的报道。直到数字图像技术完全取代模拟技术后,立体影像媒介引起的问题才得到根本性改善。

二是第一次空间映射时锥体空间参数设置引起的眩晕感。这类眩晕感可以被归类于不合理的锥体空间利用引起的视觉紧张感,应严格限制其出现的频率和时长。在创作实践中,即使技术设备保证了立体影像的水平视差正常,不适当的锥体空间使用也依然会引起观众的眩晕感。第一次空间映射时,锥体空间拉伸过度、会聚设置过短、瞳距过大、焦距过长等,均可能导致锥体空间利用不合理的问题从而引发眩晕感。这类眩晕感在立体版《电话谋杀案》和同时期的其他立体电影中非常常见。

三是利用锥体空间挤压或拉伸结合非视差因素故意制造的眩晕感。这类眩晕感可以被归类于主观营造的视觉刺激。它是在创作者主观意愿和完全可控的情况下,综合利用多种视觉元素制造的一种视觉体验。如莱卡动画(LAIKA)CEO、立体停格动画电影《卡洛琳》的动画导演特维斯·奈特在谈到片中利用立体手段主动制造眩晕感时说:"过分放任和错误应用的 3D 效果可以引起不安、眩晕甚至痛苦的感觉,就像去看疯狂的眼科大夫。我们是通过一系列的错误领悟到这一点的。但是我们反过来想,如果我们有目的

地运用这种效果会怎么样呢？……通过在一些镜头中故意过度使用 3D 深度，打破瞳距和双目对齐的规则，再配合剧烈的摄影机运动，我们制造出一种眩晕的感觉，就像在高楼楼顶边缘的感觉一样。这样就将观众置于与卡洛琳（片中主角）一样的精神状态。"①这种探索对于立体影像来说是具有创新意义的。它通过主动打破立体拍摄的规则，利用立体影像自身的特性制造生理上的紧张感，为叙事和情感传达提出了新的思路。

可见，随着立体影像技术和设备的逐渐成熟，曾经令立体影像"臭名昭著"的眩晕感正在由随机走向可控；随着对立体影像空间营造的经验积累，创作者对于"刺探性"的眩晕感的态度也由完全避之不及变为较为灵活和开放的探索。在锥体空间内，通过空间挤压或拉伸结合非视差因素营造眩晕感，不失为利用立体影像自身属性的一个新的突破点。在最近的立体影像作品中，尤其是《速度与激情7》《侏罗纪世界》等以观影体验为主要诉求的"视听大片"中，此类手段受到越来越高的重视。如跃出水面扑向镜头捕食的恐龙在负视差空间内瞬间超出立体安全范围等效果，已经成为影片标志性的画面。即使主要观众定位在青少年的《超能陆战队》中也有类似的锥体空间利用方式。可见，创作者对锥体空间的使用逐渐纯熟，由经验和定律构建的"安全区域"正在被不断突破，观众也正在逐渐适应更广阔的立体影像空间，熟悉立体观看体验。

二、立体影像眩晕感的营造

（一）非视差因素

从弗里茨·郎的《大都会》(*Metropolis*, 1927) 中巨大的空旷的未来世界，

---

① PENNINGTON A, GIARDINA C. Exploring 3D: the new grammar of stereoscopic filmmaking[M]. Focal Press, 2013: 43.

到希区柯克的《迷魂记》(*Vertigo*, 1958)中旋转的台阶,从《夺宝奇兵》(*Raiders of the Lost Ark*, 1981)悬崖间隐藏通道的高角度俯视,到《星球大战前传3》(*Star Wars*:*Episode III Revenge of the Sith*, 2005)跟随战机穿梭于宇宙战场之间的长镜头,平面影像媒介利用非视差因素营造眩晕感的手段已经十分成熟。其手段由单纯营造令人眩晕的空间融合了运动因素和蒙太奇手段,并在主观视角、长镜头和特效技术的辅助下越发多样化。

首先,营造眩晕感的基本非视差因素是不稳定的空间。如主角站在空旷的高处、跌落的边缘或处于巨大的空间内部。这种"静态"的眩晕感背后是观众对于"灾难性后果"的期待时强烈的心理不稳定感。如电影《波斯王子:时之刃》(*Prince of Persia*:*The Sand of Time*, 2010)中,主角站立在城市最高的塔尖上,镜头围绕塔尖向外旋转,由主角的近景变为城市的大全景。在这一过程中,主角所处的不稳定空间得到了充分的展示。立体画面对于空间的营造突破了矩形的平面画面构图空间,在锥体空间内"真实地"展现空间的形态和体量。这无疑为不稳定空间营造的眩晕感提供了更坚实的生理基础。虽然立体影像的呈现经历了两次空间映射,对物理空间进行过映射、拉伸或挤压,但在由不稳定空间营造眩晕感的问题上,仅需稍许的视差线索即可制造足够的紧张感。此外,如果画面缺乏一定的视觉线索,观看者就会非常难以获得深度和方向感,这样会令人产生不安的感觉。由纯色构成的细密线条或图案,也可能会造成视觉上空间感的紊乱,进而造成眩晕感。如电影《迷魂记》片头中由索尔·巴斯设计的螺旋线,和《致命魔术》(*The Prestige*, 2006)海报上螺旋状的黑白条纹。类似重复的图案在立体影像中可能会干扰二级融像的过程,从而破坏正常视差立体感的生成,再辅以运动,则非常容易造成眩晕感。

其次,时间较长的复杂运动也是非视差条件下眩晕感的重要来源。这

种来自运动的眩晕感更接近日常生活中乘坐交通工具或游乐园项目时产生的强烈体验。在平面影像的视觉体验中，画面快速而持续地沿 Z 轴方向移动和旋转尤其能引起眩晕感，此外，沿 Y 轴方向移动和旋转、沿 X 轴移动及沿其他各种方向的综合运动和旋转均可成为眩晕感的来源。如在电影《蝙蝠侠：黑暗骑士》（*The Dark Knight*，2008）中，摄像机被固定在主角的摩托车前靠近地面的高度，拍摄摩托车穿越障碍的一段连续的复杂运动。这段镜头在 IMAX 巨幕中的放映效果成为非立体画面制造运动眩晕感和沉浸感的经典。但是在平面影像中，摄像机的运动反映在画面上仅仅是画框的移动。在立体影像中，类似的运动具有了可引起观众视觉平稳跟踪运动的真实性，加之立体画面所具有的强烈的空间感，使得运动（包括移动和旋转）引起的眩晕感更加强烈。如《地心引力》（*Gravity*，2013）中，航天飞机首次被碎片击中的段落，游走于女主角主观视点和客观视点之间的运动激烈而复杂的长镜头营造出强烈的眩晕感。

再次，失焦、变焦等镜头光学效果也可制造眩晕感。此类眩晕感本质上是对主体眩晕体验的画面化表现，逐渐成为视听语言中的符号。观众对于此类假定性较强的眩晕感线索的理解主要依靠后天习得。如电影《人工智能》（*A.I.*，2001）和《007：大破天幕杀机》（*Skyfall*，2012）中，在明亮的背景下，由完全模糊的焦外慢慢变得清晰的人影，利用失焦让人产生了视觉期待。在立体影像中，失焦、变焦等光学效果直接作用于视觉，可以更加直观地造成焦虑和视觉紧张，或由变焦造成一定的特异感。如画面主体稍有失焦时，观众的大脑会认为是眼睛自身无法看清楚物体，进而促使视觉系统产生自动调节动作；在无法通过自身调节获得清晰影像的情况下，视觉系统会反馈眩晕的感受；再配合变焦、运动等其他因素，可以制造强烈的眩晕感。

　　在利用变焦营造眩晕感的手段中，滑动变焦（Dolly Zoom）是一个极端的特例。滑动变焦通过焦距变化，在改变镜头视角大小的同时通过运动补偿视角的变化。在平面影像媒介中，滑动变焦是为数不多的能在画面中利用空间映射表现空间变化的手段之一。希区柯克在《迷魂记》中大量利用滑动变焦表现主角在恐高症困扰下的眩晕感。片中运用的滑动变焦如此有代表性，以至于滑动变焦又被称作"希区柯克变焦"。在立体影像媒介中，由于变焦会改变空间映射关系，因此较少使用，滑动变焦的应用则更加罕见。但是滑动变焦通过画面空间映射关系改变造成眩晕的基本功能依然存在，而且在与立体影像的沉浸感发生戏剧性冲突的矛盾关系中有所加强。

　　最后，抽帧、变速和拖影等画面效果也可在一定程度上制造眩晕感。如《拯救大兵瑞恩》登陆战一场戏中，主角被炮弹震晕过去后醒来，画面通过强烈的抽帧和动态模糊效果，配以散乱的景物之间的跳剪和 Z 轴旋转运动，形象地反映出主角眩晕的状态。再如《搏击俱乐部》中男主角模糊的幻象，在幻象中女主角如同固化下来的带有动态模糊的抽象雕塑。在立体影像中，由于视差因素的加入，观众的视觉与画面之间的关系变得更加紧密。而特殊的时间效果打破了这种紧密的联系，使立体影像画面与真实视觉之间产生强烈的间离感，观众的视觉在自动适应的过程中变得疲劳而模糊，从而产生眩晕感。

　　总之，在立体影像的锥体空间内，由于立体影像更强的沉浸感和更直接作用于视觉和心理的特性，即使仅使用与平面影像相似的手段来制造眩晕感，画面中非视差因素营造的眩晕感也会得到加强。

（二）锥体空间因素的利用

　　与上述非视差线索不同，在锥体空间中，利用相应属性制造眩晕感是立

体影像所独有的手段和效果。在立体影像诞生之初,由于设备和技术的限制,创作者需要将精力主要放在通过更精确的控制消除立体影像的眩晕感上。随着数字立体技术的成熟,在工业自动化技术的精确控制和后期数字图像处理技术的支撑下,创作者可以利用锥体空间的参数精确地打造微妙效果,这其中包括精心设计的眩晕感。

如第三章在讨论锥体构图中的升、降镜头运动时所举的《了不起的盖茨比》中特效俯冲镜头的案例(见图3-11),这个长达7秒的特效镜头结合了激烈的俯冲运动、Z轴旋转,贴近楼体向着目标运动,充分利用了眩晕感的非视差因素。同时在锥体空间的利用上,前一半的俯冲运动采用较小的瞳距设置,以保证在激烈运动中画面观看的舒适性和人眼对快速运动的辨识能力;随着镜头逐渐靠近地面上的主角并减速,立体摄像机组的瞳距也随之拉大,会聚点由几十米外均匀地移动到摄像机前两三米处。虽然这一运动过程是由CG画面和实拍画面结合而成的,但是在如此长时间、广范围的运动画面中精确控制锥体空间参数,如果没有自动化精确控制的立体摄像机架和强大的后期立体画面调整手段,是根本不可能完成的。

在锥体空间中,前文讨论过的滑动变焦效果具有更加强烈的视觉冲击力,同时对锥体空间参数的控制也提出了更高的要求。在拍摄实践中,使用单机(平面)画面拍摄就涉及控制摄像机运动、变焦和对焦三个因素;对于立体画面还至少涉及双机同步问题和会聚位置随运动均匀变化的调整。对于通过纯机械控制的立体机架来说,这种复杂的调整是难以实现的。而带有数字自动控制功能的电动立体机架,则可以实现编程或实时控制。除拍摄和制作时对立体画面参数需要进行细致的调整外,在立体影像中应用滑动变焦时需要更加注意前期的策划和立体参数的计算。这是由于,第一空间映射的锥体空间会随着焦距变化而发生明显的变化,加之机位移动导致的

会聚距离变化,使整个滑动变焦过程中可用的立体安全区域被收窄至非常有限的空间中。因此我们需要在置景、构图时保证物理空间处于立体安全区域内,或随滑动变焦的过程调整立体摄像机瞳距,以获得稳定可用的立体画面。在创作实践中,两种方式各有利弊、均有采用,一般以缩小瞳距为最终保证立体安全的手段。

在画面所利用的锥体空间突然增加时,观众的双眼会迅速感知到新出现的空间,而后迅速扫视新的空间并与已熟悉的空间进行比对。当这种比对得到的结果是新出现的空间与原空间在位置上连续或者接近时,视觉的兴奋会下降到正常水平;而当比对的结果是新出现的空间与原空间在位置上存在较大差异时,视觉的兴奋会保持并加强,对新空间进行扫视,在大脑中对新出现的空间进行"建模"。这种兴奋状态下的视觉体验更容易造成眩晕感。如立体电影《雨果》中主角站在钟楼外檐的镜头(见图4-1),通过突然增加的正视差空间,很好地加强了眩晕感的营造。

在一系列空间窄小的镜头之后,图4-1所示镜头第一次揭示了主角在大空间中的位置。该镜头从主角所处的平台位置向左上方移动,突然揭示了下方悬崖般的空间。此镜头的非视差线索使用充分,综合利用了角度(俯视)、透视(前后景之间的体积差)、光效(前后景之间的亮度差和色温差)、运动(向悬崖边缘的移动)等,充分地营造出了眩晕感。在非视差线索之外,从视差深度分布图可以清晰地看出,画面锥体构图空间分为三个部分,从0到1%的部分(A)是前景的主角和平台所占用的空间,从1%到1.5%之间存在明显的空白(B),从1.5%到2%这一靠近极限的正视差空间用来表现底部远处的建筑和街道(C)。其中,A空间对应的画面占用的从0到1%的锥体空间通过前序镜头积累已经使观众的视觉和心理充分地做好了准备,是观众熟悉的空间部分。此镜头通过正俯角度的移动突然揭示的C空间使画面

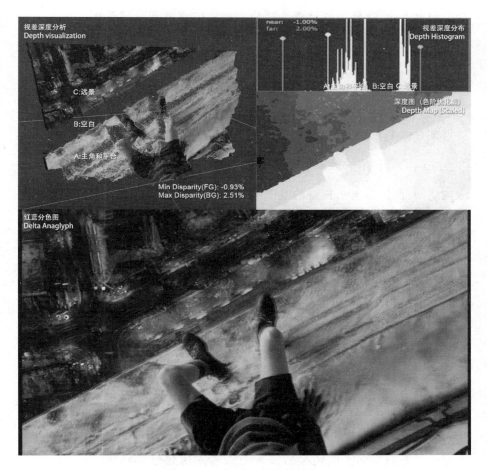

图 4-1　突然增加的锥体空间

的锥体空间使用范围发生了骤变。正视差空间所利用的范围从 1% 跳变至
2%。此镜头的原素材来自面向电视播放的蓝光盘，2% 的正视差已经是常用
的正视差空间极限。由于锥体空间的不均匀性，2% 的正视差空间在第二次
空间映射时所表现出的距离感远远大于观众与屏幕之间的距离，进入屏幕
的深处。至此为止，镜头所表现的"眩晕感"已经拥有了相当充分的线索，然
而，此镜头通过添加视差空间上的空白（B）进一步加强了眩晕感的营造。此
画面 1% 到 1.5% 的视差空间所对应的空白区域（B）看似在画面上是没有任

何像素与其对应的,但在锥体空间中,这一区域并没有被忽略或跳过,而是真实存在并具有重要意义的。

与平面的矩形空间构图不同,立体影像的锥体空间假定了观看的视点,并通过第一次空间映射将通过假定视点"观看"的图像固化在画面上。这一假定视点包含了该视点的遮挡因素——由透视和空间关系共同决定的物理因素。被遮挡的空间部分对应在锥体空间上,即图 4-1 中的空白区域(B)。但是对于人的立体视觉来说,虽然锥体空间内的一段区域没有被显现在画面上,但其深度依然是可以被感知的——由于其前后均存在有形的物体,立体视觉自然会将中间空白的空间理解为一段较远的距离。此时空白区域起到了打断锥体空间的连贯性,营造巨大的空间感,进而产生眩晕感的重要作用。

三、眩晕感与沉浸感的辩证关系

立体影像关于眩晕感和沉浸感的探讨从其诞生之日起,就占据了立体影像欣赏和体验相关研究的主体。虽然两者以往是水火不容的对立关系,但随着立体影像媒介的发展、技术设备的成熟和创作者对立体影像创作经验的积累,二者的关系正在由对立走向相容。

在以往的观念中,立体影像的眩晕感与沉浸感之间有天然的矛盾关系。因为眩晕感会使观众意识到立体影像媒介的存在,更严重时会影响立体影像的回放,阻碍立体影像的观赏。在这个意义层面上,眩晕感是立体影像营造沉浸感的大敌。当眩晕感主要由立体影像拍摄、处理和回放技术设备自身的物理、化学性质引起而难以避免时,这种对立关系最为尖锐。眩晕感是创作者和技术实践者力图消除的,而沉浸感是其追求的。

20 世纪五六十年代,随着技术、设备的逐渐成熟,立体影像的可控性逐

渐增强。以"自然视觉"（Natural Vision）系统为代表的一批能够保证光路稳定的立体拍摄系统,使创作者能够较为容易地通过立体拍摄、制作和回放设备"还原"立体视觉。但是在市场需求的刺激下,单纯自然的立体视觉还原很快让位于夸张的立体效果。"狮子在你膝上,情人在你怀中"成为立体电影的疯狂追求但又无法实现的目标。随着超乎极限的负视差空间的利用和近乎完全锥体空间的占用,观众和创作者都意识到:立体影像的眩晕感,不仅来自无法稳定还原光路的机械,更多是来自无视规律、不负责任的立体影像创作追求。《魔鬼勃华纳》的导演阿奇·奥博勒在意识到立体影像所追求的目标已经误入歧途后,在其文章《三维度》中警示道:"超立体影片——推向极致的立体摄影术,使物体以失真的形式探出银幕——是一种必须慎用的特殊技巧。"①这种人工制造的眩晕感虽然令观众反感,令立体从业者不齿,但却使眩晕感脱离了由于设备技术限制"自然形成"的随机领域,展示了一种新的可能——锥体空间的"合法"使用也会引起"不合理"的眩晕感。

　　21世纪初,随着数字技术、自动化技术全面代替传统的胶片和复杂的光化学工艺,在短短几年的时间内,整个电影工业被推入数字化时代,立体影像立刻如久旱逢甘霖般又一次蓬勃发展起来。由于数字技术影像储存、处理、传输和回放的无损特性,加之精确的数字自动化机械控制,使得立体影像的创作自由得到大大的释放（这一过程目前仍在如火如荼地进行中）。创作者对立体影像沉浸感的理解和实践已经积累了相当丰富的经验,立体影像自身的各种特性和与平面影像的关系得到了充分的探索和讨论。此前积累的关于立体影像的诸多"金科玉律"逐渐开始瓦解甚至颠覆。有关眩晕感的合理利用就是其中一类。创作者渐渐发现,对于长时间的快速或复杂的运动、突然展现的空间等以往在立体画面中避之不及的会引起眩晕感的镜

① 郝一匡.好莱坞大师谈艺录[M].北京:中国电影出版社,1998.

头,观众的反应反而非常正面,甚至认为它们是影片中立体画面的亮点。如本章前文举出的《了不起的盖茨比》《雨果》和《侏罗纪世界》中的镜头案例。

历史是螺旋上升的。立体感强烈的影像"眩晕感"重回创作者的视野,并不会重蹈20世纪五六十年代疯狂立体电影的覆辙。由于此次"眩晕感"的营造,是在精确可控的创作环境下主观创作出来的,因此往往需要前后大段的镜头铺垫和呼应。这里需要探讨的是"眩晕感"和"沉浸感"这两个曾经相对立的概念,在当今和未来立体影像作品中的辩证关系。

从一般意义上讲,沉浸感是立体影像,尤其是叙事性的立体影像作品的基本追求和主要观看体验。如在立体电影和短片中,立体影像最重要的功能就是与其他视听元素一起将观众带入故事当中,增强叙事和情感的传达。即使是纯形式或影像试验类立体影像作品,也可以通过假定的位置和角度将立体影像的锥体空间与观众视觉的锥体空间进行"等同"甚至"偷换",使观众忘记影像媒介的存在。这是创作者一般试图通过立体影像所追求的效果。对于具有交互功能的头戴式显示设备(HMD)如 Oculus Rift 来说,沉浸感更是其核心体验。然而,沉浸感的营造意味着给立体影像的两次空间映射套上了厚重的枷锁,使锥体空间的使用趋于同质化,立体影像成为"重现"立体世界的"镜子",无法对重现的方式方法进行创造性的改变。当然这种桎梏也是相对的,由于物理空间与观看环境的差异,立体影像如果想要还原"正常"的立体视觉,就不得不在两次空间映射时主动做出调整。但是需要注意的是,这些调整虽然重新映射并利用了立体影像的锥体空间,但其目的依然是使立体影像的观看体验舒适而顺畅,使立体影像媒介尽量地躲藏于画面和其所表达的意义之后。

相比之下,故意营造的"眩晕感",则给相对趋于平庸的立体观看体验以局部的刺激。营造"眩晕感"的画面虽然使立体媒介跳到注意力前台,让观

众意识到立体摄像机的存在，但是如果利用合理的话，并不会造成观众注意力转移等问题，反而会加强整个段落的空间表现力和观看体验。图 4-1 所示的镜头就是一个典型的例子。这种立体影像利用自身各种特性所营造的眩晕感与情节中人物的感受是一致的，这不仅增强了观众对人物的认同感，而且增强了观众对这个段落的沉浸感。如同希区柯克在《眩晕》中着重使用的滑动变焦，这种极为特殊的光学效果充分表现出主人公的眩晕状态，因此在整个段落中并不显得脱节。从这个意义层面上讲，合理营造的眩晕感，是整体沉浸感营造的一种激烈的"修辞方式"。

总之，立体影像的基本追求在于沉浸感的营造，而其闪光之处在于合理制造的眩晕感。随着观众对立体影像的逐渐熟悉，其奇观性也终究会退去。立体影像营造沉浸感的手段也会逐渐成熟，并被观众所接受，成为约定俗成的创作守则。然而，立体影像的未来既不会走向上世纪中期的疯狂立体画面，亦不会走向一潭死水般无趣的"自然重现"。合理的眩晕感镜头成为调剂立体观看体验的关键，也成为探索立体影像自身特性的突破点。这种探索更深层的意义为其打开了合理主观利用立体影像锥体空间的大门，立体影像也会随之由自然走向自觉，由被动地还原现实走向主动地营造空间、控制观看体验。

第三节　主观情感的立体空间塑造

电影、电视和互联网视频等影像媒介，无论是作为客观记录的"旁观者"，还是作为主观观看的"参与者"，都涉及利用视听语言通过画面（和声音）传达创作者的主观情感这一核心问题。立体影像由于其锥体空间与人

的立体视觉的高度契合,在通过空间影像传达主观情感方面具有天生的优势。《极地特快》《怪兽屋》《贝奥武甫》《加勒比海盗》《惊奇蜘蛛侠》等影片的立体影像风格设计者、资深立体影像监督罗勃·安格尔说:"成功的电影人正在慢慢意识到 3D 的力量不在于令人惊讶的效果,而是可以 2D 画面难以做到的方式与观众的情感联通。"这种联通不仅来自本章前两节所讨论的沉浸感与眩晕感这两个相当宏观的观看体验,而且通过立体影像在体量、节奏和人物形象塑造方面的特性得以实现。这些特性补充、丰富着以平面影像媒介为基础形成的视听语言。在立体影像方兴未艾的当今,探索利用立体影像自身的特性塑造视觉形象、传达主观情感的方式,对于创作者来说是一个崭新而又陌生的新领域,需要大量的实践来积累并固化成为视听语言中新的词汇。这一过程可能如同格里菲斯、艾森斯坦等电影先驱对蒙太奇手法的探索般艰难和漫长。目前这种探索是分散的,有些甚至是无意识的,但是立体影像产生的艺术表达效果已经初见端倪。

一、空间营造的体量感

对于平面影像媒介来说,由于视差这一重要因素的缺失,体量的塑造完全是依靠非视差线索"相对地"在矩形空间中假定出的。无论是巨大的星球,还是微小的细胞,表现在平面画面上,其圆度均为零,只能通过表面纹理、透视、景深等线索对比出二者巨大的体量差异。通过百余年的积累,观众已经熟知并接受了这种假定的体积感。但是这种假定性在不完美的影像介质干扰下,营造出的体量感对于观众来说是很容易被识破的。如镜头抖动和画面噪点等因素会破坏体量的幻觉,降低所营造体量感的认同度。作为一种大量使用微缩模型、绘景或数字技术制造"空间幻觉"的影像媒介,这种体量感的相对性和不稳定性,无疑会给观看体验的营造带来巨大的负面影响。

但是在立体影像的锥体空间中，体量的塑造有了视差这一重要因素的支撑。在现实生活中，人眼已经完全适应了使用视差结合其他线索的方式来判断物体的体量。这种经验可以直接被移植到立体影像中，使体量的营造在一定程度上具有更高的认同度。关于在锥体空间中不同体量空间的塑造方式，本书在第二章中已经进行过讨论。虽然第二次空间映射的体量是确定的，但通过调整第一空间映射时的瞳距和会聚等参数，表现处于锥体空间中的物体时，既可以体现出比实际微小的体量，也可以体现出大于实际物体的体量。这也是立体画面营造中经常讨论的"小人国效应"和"巨人国效应"。虽然这两种效应都是在形容不适宜的立体体量还原，但是它们从一个侧面反映出立体影像在体量营造方面的可能性和巨大的潜力。

如立体电影《侏罗纪世界》开篇利用立体影像的体积效应，通过脚部特写将一头普通家禽大小的恐龙营造成巨大的怪兽而后逐渐还原其真实体积感的镜头。在营造巨大体量感的阶段，创作者采用了较小的瞳距和较近的会聚设置。这一组合表现在画面上可以将原本较小的物体制造出巨大的体积感。同时画面辅以缓慢有力的运动和夸张的音效，成功地营造出体量巨大的幻觉。随着镜头逐渐拉出、升高，立体摄像机组的瞳距也逐渐增加，会聚距离逐渐增大。这一组合的变化如同将一个微缩人逐渐变大，他周围世界的体量逐渐缩小。直至立体摄像机组变化到接近正常人的立体视觉，角度、瞳距和会聚"正常"还原物体的圆度，展现出画面上恐龙"真实"的体量。在这个戏剧化的开场镜头中，通过立体拍摄，实现了从"巨人国"过渡到"小人国"。在一个镜头内反映具有惊喜对比和深刻寓意的空间体量变化，立体影像的特性在其中起到了制造"真实"体量变化的重要作用。

另外，本书在第二章中讨论过立体影像对于"无限远"空间的营造，在传达创作者的情感时，这种"有限封闭"的正视差空间能够起到对空间体量限制的

作用。如《卡洛琳》中,假妈妈编制的"另一个世界"是有尽头的,实际上它是一个伪装了的笼子。当卡洛琳试图逃脱时,她跑到了这个伪装世界的尽头——制造另一种令人不安的环境。这一世界观设定与《楚门的世界》(*The Truman Show*, 1998)中摄影棚制造的"世界尽头"被主角驾驶的帆船一下戳破,有异曲同工之妙。但是,后者对于"世界尽头"的展示是通过物体间的互动间接展示的。《卡洛琳》则充分利用了立体影像的锥体空间特性,直接通过空间的开放和密闭来制造不同的情感体验。虽然"真实的世界"总是处在阴云密布之中,但其锥体空间的利用属于"正常"的空间营造;相比之下,在营造"另一个世界"时,使用了比"真实的世界"更短的正视差空间,在锥体空间的正视差"底部"更明显地制造了封闭的"尽头"。这种空间策略虽然在剧情揭示"另一个世界"的虚伪前,可能无法使观众意识到其用意,但其故意制造的封闭感强烈缩小了空间体量,暗示了空间的"虚假"和"不安"。

对于情感强烈的画面,创作者往往会根据主观意愿在锥体空间内营造空间。如选自电影《阿凡达》的图 4-2,上图的画面选自主角第一次独自迷失在丛林中的紧张动作段落,下图选自家园巨树遭受打击后,主角在丛林中失神游走的段落。上下图的画面景别相似,所对应的物理空间均为丛林中十米左右的空间。但上图的视差范围是从 -1.38% 到 1.59%,下图的视差范围是从 -0.88% 到 1.68%,如果将飘浮的灰烬所占用的空间刨除,画面的主体空间则仅剩从 -0.48% 到 0.7%。物理空间接近,但在锥体空间中占用的深度预算范围却相差约一倍,在空间的使用上体现出了非常不同的感情:上图对应的镜头立体感强烈、令人兴奋,配合激烈的镜头运动,制造主角第一次进入外星丛林时目不暇接的眩晕感;而下图立体感明显偏弱、感觉平淡,配合缓慢的镜头节奏,营造出悲怆的感情。下图中在更广的锥体空间范围内飘浮的灰烬拓展了锥体空间,衬托了主角所处空间的扁平感。

图 4-2　主观外化的空间营造示例

二、节奏疏密的紧张感

　　动态影像媒介作品可以通过多种手段来制造不同程度的紧张感，比如：故事自身的叙事节奏，即情节的安排、叙事手法的运用等；剪辑的节奏，即镜头的选择和连接方式等；画面的构图、运动等因素产生的韵律等。无论是宏

观的故事结构还是微观画面构图中的节奏,其作用结果均是观众欣赏作品时不同程度的心理紧张程度。这里讨论的是通过视听手段制造不同程度的紧张与舒缓的方式。对于立体影像来说,重点在于探索锥体空间中上述因素在营造紧张感时与以往相比的异同。这些不同之处从根源上分析,均来自对锥体空间的主观运用。

从静态构图角度来看,锥体空间中不同位置的舒适性差异可以为观感的控制提供最直接的手段。关于立体安全和舒适性的空间分配,是几乎所有研究立体影像的著作都无法回避的问题。综合考虑创作者的经验、观众的反馈和客观的测量(主要是眼压测量)等因素,目前立体影像领域公认的"通过屏幕成像"的立体影像在安全范围内、靠近零视差面的空间是最舒适的;由零视差面向负视差空间方向,不舒适度迅速增加,向正视差方向,不舒适度的增加速度要明显低于负视差空间。这与第一章第一节中讨论的结论相吻合。虽然这一结论不适用于 Oculus Rift 等头戴式显示设备(HMD),但对于处于绝对主流地位的屏幕和银幕立体影像媒介是非常有效的。在立体影像难以解决光路对位等基本安全性问题的时代,观看舒适度作为决定立体影像成败的重要标准,被认为是立体影像的终极追求之一,成为立体影像创作需要严格遵守的法则。然而,与上一节讨论的"眩晕感"类似,舒适性原则随着数字影像技术的成熟、立体影像可控性的飞跃而逐渐弱化成一种"非强制性"的创作经验。通过对锥体空间中舒适性较低的部分进行主动探索,立体影像的创作者们已经初步探索出一系列通过锥体空间自身的特性制造视觉甚至心理紧张感的手段。

在立体停格动画电影《卡洛琳》中,创作者通过利用负视差空间的前端——靠近观众鼻尖的区域,来制造视觉上的紧张感进而辅助叙事。导演亨利·赛利克谈道:"在一些场景中,我们通过将 3D 效果透过屏幕平面向前

戳向观众来提高立体效果的紧张感。这就意味着让观众感到不舒服——情节中的事情不对头而且失去平衡。"①影片中，在作为反面人物的假妈妈制造的虚伪空间中，大量的人物和运动均被主动推向了这一不舒适的区域，通过引起视觉疲劳制造紧张感。类似的做法在《雨果》中也能见到，并且《雨果》结合了运动和复杂的场景调度，在几场追逐戏中大大加强了观看的紧张感。

在利用负视差空间前端之外，锥体空间的利用范围也是制造紧张感的一个重要因素。一般来说，画面使用锥体的空间越广，观众的双眼在观看画面时需要的辐辏运动、扫视运动越频繁，运动幅度也越大，眼部肌肉的紧张感也越强烈。同时如前一节中所讨论的，较广的锥体空间利用率也会使眩晕感加强，进而产生心理的紧张感。《四眼天鸡》《圣诞夜惊魂 3D》《驯龙高手》的立体总监麦克纳利谈道："在开始时，立体效果应该看上去正常，也就是影片既定的立体感……随着故事中紧张因素的增加，正常水平如果是 100% 的话，我们会将镜头的使用（锥体空间的范围）由 30% 提高到 150%……立体（锥体空间的使用）确实会随着音乐和故事的张力提高而增大。"如图 4-3 所示，从影片甚至单个视频的立体深度脚本（Depth Script）和视差分析可以看出，情节或者视觉上紧张的高潮部分，其利用的锥体空间也相对比铺陈的部分更广，更偏向负视差空间。

从运动和剪辑的角度来看，锥体构图空间的切换也是紧张感的重要来源之一。无论是运动经过的空间体量发生变化，还是前后镜头之间的锥体空间使用范围发生变化，均会引起观众对空间变化的注意，进而引起一系列扫视、重新会聚等应激性眼部动作，增加眼内压力和疲劳程度，制造出一种"应接不暇"的视觉紧张感。此外，跳变的锥体空间也会引起心理波动。如

---

① PENNINGTON A, GIARDINA C. Exploring 3D：the new grammar of stereoscopic filmmaking[M]. Focal Press, 2013：40.

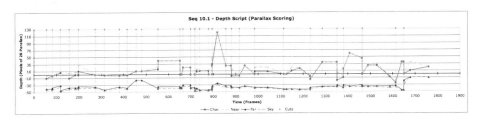

图 4-3　一段立体影像的立体深度脚本①

在立体影片的规划中,创作者往往通过立体效果经历正常⇒夸张⇒减弱等过程来营造"不安感逐渐递增,然后张力消失"的感觉。但相对于利用锥体空间舒适度因素制造紧张感,通过锥体空间范围的切换制造紧张感的方式如果使用不当(如切换过于频繁),可能带来的立体安全性隐患会更加严重。如图 4-3 所示,在铺陈阶段,锥体空间是相对稳定的,即使有变化,前后镜头之间也基本是平缓过渡的关系,有利于营造舒缓的观感和观众对立体影像的适应;在中间和结尾的高潮阶段,锥体空间的利用不仅范围更加广阔,镜头之间的跳变也更加活跃,这与紧张的视觉和情节高潮营造是相互呼应的。尤其是负视差空间的利用,在表现紧张度较高的段落时,跳变更加激烈。

此外,特殊的构图方式也可产生紧张感。如不完整的画面形象和不明确的视线诱导也会让人产生不安和焦虑感。这些因素在观众已经熟悉的平面影像媒介中,可能会由于其"平面"的特性被理解为特殊的设计语言,而使观众更注重于其形式蕴藏的意义。但在立体影像中,由于锥体空间与视觉的"同构"引起的仿生性、沉浸感因素,类似的构图方式则会趋向于更直接地引起观众视觉的警觉,进而使其产生紧张感。如在第二章第三节讨论视线引导时举出的《了不起的盖茨比》中"神秘主人"正面出场前的一段铺垫镜头(图 2-23)例子,始终处于画面边缘的不完整的人物和指向其的目光制造了

①　GARDNER B. Perception and the art of 3D storytelling[J]. Creative cow magazine, 2009.

强烈的视觉期待,而复杂的运动和穿插通过的人群则不停地扰动画面,主动削弱了画面的视线引导,进而制造了充分的紧张感。

三、人物塑造的亲近感

无论是电影还是电视剧,塑造人物、传达感情是绝大多数作品最根本的任务。在电影向话剧舞台学习的初期,创作者通过略显夸张的表演完成这一目标;随着电影艺术逐渐独立,更近的景别成了塑造人物、传达感情的重要工具;随着视听语言的逐渐成熟,通过综合的造型手段来塑造人物形象成为创作者的共识。"在我们看到的影片中,高明的导演已是不会轻易放弃造型的表现力了。如大卫·里恩的《日瓦戈医生》,男主人公从战乱的城市来到宁静的乡村,那被风吹开了门的板房,室内覆盖着一层霜雪的桌椅,在金色的阳光下竟溢出了一股温情;安东尼奥尼的《红色沙漠》中,女主人公站在被自己粉刷得色迹斑驳的墙前,一种迷惘、一种压抑的情绪顿时扑面而来;同样,电影《初恋》中燃烧的树林和烟雾中的太阳,给人一种感慨、叹息和惆怅之感。电影造型表现力显然已经成为现代电影走向艺术的重要手段之一。"[1]然而,无论采用何种造型手段,银幕上的人物是无法进入观众所处的空间中的,也无法退到银幕之后,只能通过景别、光影等非视差手段表现其形象和空间关系。立体影像作为一种构造影像的新的手段,在提高影像的沉浸感、增强观影的体验方面获得了广泛的认同和充分的探索,但在人物形象的塑造方面并没有立刻得到足够的重视。相反,由于立体影像往往与视觉"杂耍"和狂乱的叙事方式联系在一起,在更重视扎实塑造人物、讲述故事的作品创作中受到了怀疑。如《了不起的盖茨比》的执行制片人巴里·奥斯本在影片的策划阶段曾经怀疑立体是否应该被用在这样一部改编自名著的

---

① 聂欣如.论电影的造型表现力[J].电影艺术,1987(11):37.

以塑造人物和叙述故事为主要诉求的影片中。然而,经过立体试拍,奥斯本感受到立体对于人物形象塑造的积极作用,改变了其对立体影像的认识。

平面影像将人物形象映射在二维矩形的构图空间内,完全去除了人物形象本身具有的视差圆度,仅仅通过非视差线索还原人物的形体。同时,摄影机与人物间的空间距离关系被反映为人物形象在画面中的景别——它同时还受到焦距对透视感的影响。经过放映,人物形象与观众的空间距离被锁定为观众与银幕(屏幕)间的距离,即使是大景别的特写镜头,也仅能表现人物更"大"而不是更"近"。而立体影像中人物的视差圆度可以记录下来并通过立体屏幕回放在观众面前。圆度的回归让观众对于影像中的人物形象观赏更接近真实生活经验,从而更容易认同影像中的人物。正如《了不起的盖茨比》的立体摄影师阿伦索·赫姆所说:"总体来说,我们的结论是:角色越具有体积感,他就越真实。"

此外,立体影像的构图空间由平面的矩形变为了三维的锥体,画面中的人物形象除了相对于画框的大小变化外,在与观众的距离维度上可以真实地"前后"移动,从而可以像在舞台上一样真实地走近或远离观众。这种运动在第三章有关视差方向的运动中进行过讨论。如图 3-3《皮娜》中往返于屏幕深处与观众面前的舞者、图 3-5《少年派的奇幻漂流》开场镜头中纵深方向运动的蜥蜴,都通过"真实"的距离变化与观众建立起更加直接的情感联系。在谈到演员在立体画面中的站位时,曾出演《指环王》中的咕噜、《金刚》中的金刚、《人猿星球》中的大猩猩恺撒的虚拟角色演员安迪·瑟金斯将其与非立体电影中常用的变焦手段相对比:"这就像变焦,但不是改变焦点位置,而是通过想法或情感改变(观众注意点)。"诚然,与变焦这种人眼所不具有的功能相比,立体空间中真实的空间关系变化可以更直接地作用于观众的情感。《贝奥武甫》等立体电影的立体效果监督罗勃·恩格尔说:"在现实

生活中,当你看到一个人时,无论他与你之间的距离远近,你都能感觉到他面部的体积感,这让你感觉真实。3D 能更加接近真实的感受。如果人脸是有体积的,大脑会告诉你那是真的;但如果人脸的画面是平的,观众眼部肌肉观看时的运动不正确,大脑就会意识到不对劲。"

总之,立体影像的锥体空间使人物形象获得了真实的"圆度",增强了观众对银幕人物形象的接受度,同时释放了人物在银幕以外的空间运动的可能。正如巴里·奥斯本所说:"(通过立体影像)演员的表演和性格的塑造都得到了强化。"

第五章　锥体空间论的影响和意义

第一节　锥体空间论对创作的影响

一、对立体影像相关理念的重新思考

(一)出屏与入屏

当讨论立体影像中构图元素的"位置",或描述一部立体影像作品的立体空间时,"出屏""入屏"是最常用的描述方式。立体影像的正视差空间对应着第二次空间映射时处于屏幕后方的"入屏"空间。这个空间的观看体验如同"窗口",是研究立体影像时最常用的一种将立体影像与平面影像相区别的描述方式。负视差空间对应着"出屏"。一些立体作品和立体电视机、电影院为了突出其立体感,经常强调其立体影像"出屏"的特性。甚至有些品牌的立体电视打出了"出屏才是真立体"的宣传口号,有些立体影像创作者也将"出屏"作为立体影像创作的主要追求。利用锥体空间的观点,可以更加客观、全面地理解这些理念。

首先，出屏与入屏仅仅限于视差数据层面的描述方式。出屏或入屏本身并不决定着立体效果的强度或质量。在创作和欣赏过程中，除个别特殊效果外，效果主要取决于创作者对空间的分布和使用。通过前面章节的讨论我们可以得出，立体影像中的立体强度取决于诸多因素的综合影响。在视差因素方面，锥体空间使用的范围、物体在立体影像中的圆度是主要因素（即使感知圆度本身也是一个综合性的指标）。在非视差因素方面，透视、大气效果、遮挡等也对立体画面的"强度"有十分重要的烘托作用。立体影像的质量更是综合了安全性、舒适感、艺术性及与段落的空间关系等诸多客观、主观的因素，不能完全以出屏或入屏来进行判断。对于强调"出屏才是真立体"的说法，更是毫无客观依据和主观体验支撑。《驯龙高手》《功夫熊猫》等立体 CG 动画电影几乎全片处于"入屏"的正视差空间，然而，其立体效果依然非常生动且到位。反之，《立体春晚》等以"出屏"为主要构图空间的立体节目却在观感上不尽如人意。通过前文列举的《阿凡达》（见图 2-7）、《少年派的奇幻漂流》（见图 2-8、图 3-8）、《雨果》（见图 2-24）等片中的案例可以看出，通过视差分布图分析，画面的出屏或入屏与否主要取决于镜头空间、前后镜头关系和创作者主观表现意愿这三个因素。当使用空间构图时，创作者并没有将出屏和入屏作为明显的空间标志。

其次，出屏与入屏的决定性因素，还在于"屏"，即物理显像面的视野占有率。在无法确定最终观看（第二次空间映射）时屏幕占有率的情况下，讨论出屏和入屏是毫无意义的。立体影像视野占有率的影响在第一章讨论负视差空间和两次空间映射时已有所涉及。总体来说，物理显像面占有观看者的视野越大，立体影像的锥体空间与观看者的视觉空间重合率就越高，可展现的立体空间也就越宽广。反之，如果屏幕只占有很小的一部分视野，锥体空间就会成为狭长的锥体，所展现的立体空间也就被压缩在如同孔洞般

的空间范围内。根据这一原理可以得知,仅在视野占有率大于视野核心区域的情况下,出屏的构图空间才有足够的宽度可以覆盖视觉的主要范围,基本完全覆盖视锥细胞并触及视杆细胞,从而对空间、动态的营造起到作用。

总之,在锥体空间中,出屏与入屏的空间是完全连续的,观感上并没有本质的区别。在第一章中讨论锥体空间的构成时我们就已经强调:"立体影像的锥体空间在创作和观看时均是连续的,对于立体感营造良好的画面,观众基本无法直接从立体影像中分辨出零视差面或正负视差空间的位置。这里进行分割是为了方便对锥体空间进行定性分析。"在立体影像实际创作中,创作者只需考虑构图元素在锥体空间内所处的空间位置,并了解各个空间位置的安全性、舒适性和表现力,而无须对其是否出屏或入屏进行严格的区分。对"出屏"过度的宣传更是不负责任的。

(二) 影像空间"还原自然"

在立体影像百余年的历史中,无论是初创的银版摄影阶段还是数字立体阶段,在立体空间的使用思路中,一直都存在着"模仿人眼拍摄即能自然地还原空间"的说法。如诸多的立体摄影机(无论是拍摄静态照片的还是拍摄胶片、数字格式的),如果需要采用固定瞳距,其瞳距大多被设定为60毫米左右(微型拍摄设备除外)。当拍摄立体画面时,关于使用何种焦距的镜头的讨论也往往被导向何种焦距的镜头与人眼最相近的讨论,进而出现倾向于18毫米广角镜头和50毫米标准镜头两种不同的观点。其缘由就是为了"获得与人眼接近的立体感"。在一些立体电影、电视节目的拍摄中,摄像师也经常要求将立体摄像机组设置为"与人眼接近"的参数。这样做的目的无可厚非——希望通过接近人眼的参数获得接近人的立体视觉自然的空间还原。但这种缘木求鱼的手段却往往无法达到其目的。

首先，观看环境对立体观看效果影响巨大。通过锥体空间的两次映射过程可以得知，最终反映在观众视觉中的立体影像取决于第二次空间映射的锥体空间形态。拍摄（第一次空间映射）时设计的锥体空间构图，会通过拉伸、积压，无条件地与放映（第二次空间映射）的锥体空间相套合。假设拍摄时采用了与人眼相同视场、相同瞳距和相同驱动方式的立体摄像机（这种摄像机只在理论中存在），无论是在普通电影银幕、巨幕还是电视上放映都无法做到完全覆盖观众视野，使观众的视觉光路与屏幕完全对齐。因此，即使拍摄时使用了接近人眼的参数，也基本无法获得自然的空间还原。仅仅对于可以做到极大化视野覆盖的头戴式显示器（如 Oculus Rift），视野范围在100 度以上时，这种手法才可以获得较令人满意的效果。但依然存在着视线引导、空间使用和构图的问题，无法使用一套立体参数设置应对所有的作品、场景和镜头。

其次，立体影像与人的立体视觉的本质区别在于，立体影像是创作者"强迫"观众以特定的方式观看，而人的立体视觉是人眼主动寻找观看目标并做出适应。即使空间不变、观看位置也不变，人也可通过转动头部和眼球、调整会聚位置，在一个固定空间中使用多个不同的锥体空间参数观察、测量处于不同位置的物体。在这个过程中，聚焦、会聚和视觉重心是完全锁定的，而不安全的正视差是被自动忽略的。但是立体影像通过第一次空间映射决定了假定的观众"观看"空间的方式，再通过第二次空间映射进行还原。这种强制性决定了创作者需要提前考虑到画面与观众期待的观看方式之间的关系；同时需要保证立体画面的安全性，以免观众在观看立体画面时看到立体指标超标的区域——这些超标的不安全区域对于立体影像的观众来说，是实际存在且可以被察觉的，而不会像在自然视觉中一般被自动忽略掉。

最后,立体影像"自然"的空间营造,并不是将物理空间完全映射到锥体空间中。这一问题贯穿本书的始终。将物理空间"照搬"到锥体空间中,既不现实也无意义。如同平面图像对三维空间的剪裁和映射,和有限的动态范围对自然界光的剪裁和映射一样,立体影像对物理世界的空间也通过其"边界"进行"剪裁",通过其"锥体空间"进行"映射",进而完成空间的营造(详见第一章第三节)。此外,锥体空间作为构图的新维度,具有丰富的表现力。如第四章所述,主动控制立体影像对锥体空间的使用,可以从新的维度提升画面的表现力。从这个层面上讲,将物理空间照搬入锥体空间如同放弃了创作的手段和语言。是否能够主动调用空间,也是"随意的"立体影像和"艺术的"立体影像之间最重要的区别。

总之,仅靠接近人眼的设置并无法保证获得自然的空间还原。所谓"自然"的立体空间也不是照搬"自然",而是主动进行挤压和拉伸,以使物理空间适于锥体空间的表现。资深立体摄像师克里斯·帕克在讨论相关问题时谈道:"有时候我们会努力还原真实世界的感觉,有时候会将现实空间扭曲,有时候为了故事或观点的传达,我们会故意制作出不真实的效果。"这种探索将会逐渐使立体这一看似"自然"的因素提升到艺术语言的高度。试图完全依靠接近人眼的参数获得更好立体效果的做法并无实际意义,甚至可以被认为是不负责任的立体创作者的托词。

二、对立体创作策略制定的影响

(一)整体策略

立体影像作品的创作,需要提前根据题材、表现形式和目标投放渠道制定制作策略。对于已经十分复杂的当下影视作品的前期规划来说,对立体

策略的制定往往决定了其制作过程、所需成本和最终效果。如梦工厂动画公司全球立体效果总监菲力·麦克纳利(外号 3D 队长)所说："如果你列举构成一个镜头的元素——取景、照明、镜头选择、排布……立体只是这个清单上的一项。"同时，由于立体影像对于最终作品的呈现影响巨大，其策略的制定往往需要多个部门共同完成。如在开始策划《雨果》的立体效果时，导演马丁·西科赛斯集结了他的整个主创团队。摄影师罗伯特·理查德森、剪辑师塞尔玛·斯库马克、美术总监丹特·法拉第和视效总监罗勃·莱加托都参与了立体效果的设计，从而保证了该片精彩绝伦的立体效果。充分的前期测试也是保证立体影像作品策略选择的重要手段。《了不起的盖茨比》导演赫鲁曼说："与大部分人一样，我一开始认为 3D 就是一种俗气的视觉效果。"随着卡梅隆推出《阿凡达》并实际帮助副制片人凯瑟琳·马丁设计立体拍摄的方案，导演的想法有了转变。在开始拍摄前，他曾多次使用与实拍时接近的立体系统进行试拍，演员莱昂纳多·迪卡普里奥也参加了试拍。试拍一方面是为了实际检验立体效果对于表现该片的风格有何影响，另一方面就是为了测试立体对于表现演员表演有何帮助。赫鲁曼表示："这的确让我大开眼界，让我看到了这种媒介的巨大潜力。"

对于不同题材或风格的作品，立体影像的策略也有较为明显的区别。如针对 IMAX 制作的纪录片，由于第二次空间映射时屏幕占视野比例较大，画面制作时可以充分利用锥体的前部——负视差空间及正视差空间中靠近零视差面的部分，同时需要谨慎处理正视差超标的问题。在设备选用方面需要考虑哪些镜头或段落使用 70 毫米胶片的 IMAX 摄像机，哪些镜头使用数字摄像机再通过 DMR 转制，以及两者的锥体空间使用如何统一等问题。如果制作针对立体电视的体育赛事转播节目，则需要考虑使用可以扩大瞳距的平行支架系统，以使远距离画面获得充分的圆度。同时需要考虑与其

他转播机位的切换、兼容性等问题。在设备本身的适应范围参数外，同样的画面在 42 英寸的电视上和 10 米银幕上呈现效果相差甚远，同时观看距离、观看环境等因素对于观众的体验也有着巨大的影响。所以除了拍摄方法本身外，立体拍摄前还要考虑所用设备和目标屏幕之间的关系问题。索尼在其立体一体机 TD300 的说明中指出："如果屏幕较小（不大于 77 英寸），则将视差角保持在 1°以内可确保视差量不超过 5 厘米（2 英寸）。但是，如果屏幕较大（不小于 77 英寸），则屏幕越大，屏幕上的视差量也会越大，且很容易超过 5 厘米（2 英寸）的原则。因此，拍摄时考虑屏幕尺寸尤为重要。"类似数据各厂家根据经验均有相似描述，但由于标准尚未制定，所以仅作为参考。在拍摄时，如果摄像机有类似"3D 指导"（索尼）或"3D 显示覆盖警告"（松下），应按照实际计算的数据对视差警告的百分比进行设置。

立体创作策略还与画面表现方式息息相关。如果说平面的影像作品中不映射到画面上占用画面面积的物体就等同于不存在，那么在立体影像中，空间本身在锥体空间中也会真实存在并被表现出来。立体纪录片《与怪兽同飞翔 3D》的解说、英国纪录片元老级人物大卫·阿邓伯格爵士说："我特意选择那些可以在三维空间中活动的生物，这样我们就可以用传统技术无法企及的方式向观众展示它 40 英尺宽的翼展。"这种对更适于立体影像展示的物体的选择，在策略制定时也十分重要。可以说，任何一部作品从其表现需要和成本考虑，都需要不同的立体创作策略。这对于场景的布置、拍摄方式和后期制作均有明显的影响。虽然在后期调整时创作者可以对锥体空间中物体的排布进行调整，但第一次空间映射时就规划好整体空间的使用，无论是在效率上还是在效果上均是更好的选择。对不同的立体作品，创作者还需要将观众对于沉浸感和眩晕感的期待提前考虑在内，在具体制作锥体空间规划前，从场景的分布或镜头的可能构成方式上预留出表现空间。

锥体空间的使用在这个层面上如同音乐或情绪的营造，如想获得"豁然开朗"的感觉，就需要铺陈足够的伏笔。这种主动调整锥体空间的策略，需要与编剧、摄像甚至美术部门协同才能够完成。如果立体创作者的需求不够明确、思路不够清晰，那么在策略制定时很容易被无数其他细节所影响。

（二）锥体空间规划

锥体空间规划（Depth Budget）是根据场景或镜头的内容，对锥体空间的使用进行分配的过程。很多电影制作者在实际拍摄前利用锥体空间规划的方法来确保立体画面的参数处于合适范围之内，以制造舒适画面。锥体空间规划描述了画面中最近和最远物体（最凸出屏幕和最深入屏幕）之间占用的锥体空间的位置和比例。分配锥体空间如同分配画面的亮度，目的都是在有限的表现范围内尽量保持细节层次。拍摄普通画面时，一般是以画框为边界，在屏幕平面上进行构图的。但对于立体画面来说，还需要考虑物体在锥体空间内的分布。这是立体拍摄所特有的，也是最重要的"构图"。一般来说，对锥体空间的使用需要注意画面自身的构图和与前后镜头的衔接两个方面的问题。

在具体规划某一个镜头的深度时，创作者需要避免前景遮挡和出屏主体被画框切割等问题。拍摄普通画面时，为了丰富画面构图，创作者往往选择前景虚焦遮挡画面边角的方式。在立体拍摄时，创作者则需要注意前景是否在安全的负视差空间范围内。如果必须做前景遮挡，可适当拉近会聚面或缩小摄像机瞳距。否则会由于前景过于靠前而又无法聚焦引起观众不适。此外，创作者在拍摄普通画面时经常会用画框切演员头顶，或中近景时切胸部。在拍摄立体画面时需注意所切的物体是否处在负视差空间，或者说是出屏。如果出屏物体被画框切割，则需通过"浮动窗口"效果将画框向

前移动,或者使图像后移至会聚面以后。在空间的营造方面,锥体空间规划可以提前将锥体空间构图的主观因素考虑在内。就像电影大师梅里埃,马丁·西科赛斯也喜爱使用这种新颖的讲故事工具。在拍摄《雨果》时,他故意将一些出屏的镜头设计得十分夸张,直接戳出屏幕——如同在向那些将3D看成炫技把戏的影评人挑衅。相反,在《阿凡达》的生命之树被摧毁后的段落中,即使锥体空间中弥漫着最能体现空间感的落尘,整个空间也被压成了扁平,以体现剧中人物的窘迫(见图2-11)。这些主动利用锥体空间构图的镜头均需要在前期进行精确的策划甚至预演,才能获得设计的效果。

除规划具体镜头的深度外,锥体空间规划更有价值的用途是规划段落甚至全片的锥体空间使用。如在前文讨论过的立体强度节奏,"(明显的立体效果)粗略的规律是:游乐园中的娱乐项目电影每30秒可能就需要一个夸张的3D效果,40分钟长的IMAX电影中每3分钟一次,1个小时长的电视节目中每12分钟一次"。片中的立体效果需要在前期规划时就分配到位。除明显的立体强度区别外,锥体空间规划还经常被用于规划情节中不同空间的立体表现方式。如立体停格动画电影《卡洛琳》中,通过镜头的选择、搭景的配合,制造同一场景的两个不同立体空间的版本,来表达两个镜像世界之间的差异。这种差异在参数上是难以被察觉和利用的,但在锥体空间规划图中却可以清晰地表现出来。人们往往从锥体空间规划得出的深度脚本图中(见图4-2),就可以推测出哪些段落是高潮,哪些镜头间存在激烈的空间动态。

在Previz(动态图像预览)和虚拟拍摄技术流行的当今,锥体空间规划有了充分的工具保障。如专业预览软件FrameForge Previz Studio中,不仅提供了传统拍摄方式下常用的器材和拍摄情景,还提供了常见的立体摄像机、立体机架的预设。通过与现实世界等比的虚拟场景、角色、灯光、道具、摄像

机,在三维空间中搭设好场景后,可以实时地看到与最终效果非常接近的镜头草图,从而可视化地完成镜头的规划。在完成镜头的规划后,不仅可以输出机位、焦距、光圈、快门等一般拍摄时所需的参数,还可以输出瞳距、会聚等重要的立体参数。这无疑对于参数繁复、需要考虑问题众多的立体拍摄来说是十分重要的。当然,锥体空间的规划还可以随着拍摄过程中的探索进行变化。如 HBS 公司立体总监彼得·安格尔所说:"一旦设定了深度方案,非常有趣的事情是知道何时打破它。打破深度方案设定的范围并没有问题——只要你有理由这样做,而不是听天由命。"总之,满足创作需要是第一位的。

三、对立体影像创作流程的影响

(一)立体拍摄的实施

立体拍摄一直以来没有形成如同平面影像拍摄一样的行业共识。但近年来,随着立体拍摄实践的展开,人们对立体拍摄的探索逐渐深入,认为立体具有自身表现空间的摄影师们逐渐发现立体拍摄并不是简单地在平面拍摄镜头边上再增加一个镜头。在拍摄的具体实施阶段,立体影像自身的诸多特性累加在一起对创作产生影响,但其根源均在于锥体空间的引入。

如在镜头焦段选用方面,立体拍摄的大量实践共同指向了较为广角的焦段。资深立体摄像师克里斯·帕克指出:"由于广角镜头能够拍出最好的、最有感染力 3D 效果,因此即使在拍摄特写时我们也使用广角镜头而不是换成长焦镜头。"《了不起的盖茨比》的摄影指导赛门·杜根也指出:"在3D 中,没有什么能与贴近演员的脸或者用广角镜头拍摄细节特写相提并论的了。一开始这种近距离拍摄可能让人感觉有些不礼貌,但当演员们看到

画面效果后,他们都非常喜欢。……我们想通过使用与人眼视野接近的镜头来保持真实感,也就是焦段在 16 毫米至 65 毫米之间的镜头。再加上自然的景深效果,来达成 2D 不可能达到的沉浸体验。"2010 年南非 FIFA 世界杯的立体转播团队经过大量的拍摄实践最终也认为,当使用广角镜头并靠近拍摄时立体效果最好。虽然有很多种不同的表述,但这种经验可以用锥体空间的方式解释,即第一次空间映射时,锥体空间符合观众的视觉期待,所获得的立体画面观感较好。而第一空间映射,即拍摄时的锥体空间顶角正是由镜头的焦距决定的。人眼的焦距虽然没有统一的具体数值,随着观看对象不同、注视程度不同,人眼所能覆盖的范围会发生变化。人眼虽然有时可以注视一小块区域,但在视场角度、透视变化速率等方面,整体上与全幅镜头的广角至标准焦段接近。

　　拍摄时的布光也需要根据锥体空间的塑造进行调整。最常见的问题就是采用半透半反分光镜模式的立体摄影机组时,每台摄影机所获得的光照仅有直接拍摄的 30% 以下。这对打光的强度提出了很高的要求。然而,强光有可能会对人的鼻子、耳朵等部分透射,带来不正常的红色。这就需要综合考量,并与灯光、化妆部门共同协商解决。此外,一些常见的布光方式在立体影像中也会带来不同的效果。如《了不起的盖茨比》的摄影指导赛门·杜根在拍摄过程中发现暗调背景前带有勾边光的前景画面看上去就像切割出来的卡片。但这种布光方式在平面的影像中是最为常见的情况之一。为了使画面中物体的立体感更为圆满,他不得不改变打光方式,使勾边光与补光更自然地过渡、融合。

　　在拍摄监视方面,人们对立体拍摄提出了更高的要求。在传统的胶片摄影机时代,现场监视几乎是不可能的。即使是摄影师,也是通过寻像器内昏暗的影像进行构图的,几乎完全依靠经验来完成画面的构造。胶片时代

的立体拍摄,更是需要在拍摄完成后几天甚至数月才能看到所获得的画面效果。数字时代现场监视已经成为常态,但一般情况下,由于运输和供电所限,仅能使用小型监视器。虽然画面还原难以做到与最终效果完全一致,但也从根本上改变了完全依靠经验构造画面的情况。但是对于立体影像,即使进行了充分的前期规划,在现场使用大屏幕监视器监看立体效果也还是非常必要的。之所以需要使用大屏幕监视器,是因为立体影像两次空间映射的特性。如果现场使用的监视器与目标屏幕相差过大(一般是监视器远远小于目标屏幕),现场监视看到的立体影像与最终放映的效果相差会过远,导致诸多问题如非水平视差、亮度匹配、反射等均会被掩盖。如立体纪录片《猫鼬3D》的拍摄,立体监督通过在英国的一个野生动物园和南非实地中的测试,为首次在野外进行立体拍摄的摄像师罗斯顿·哈勃编写了一个表格。表格中包含针对多种焦距和多种最近处物体距离的拍摄情况的计算结果。拍摄时再通过一台46英寸的立体电视机来观看回放。在每天拍摄完成后,导演安德鲁和摄像师都要进行回看和讨论。观看回放的电视与目标屏幕正好相符,保证了他们对最终效果的正确把握。正如《雨果》的视效总监罗勃·莱加托说:"为了将个人风格烙印在立体效果中,作为一名导演应该看到3D效果,去感受它,在拍摄现场实时地拥抱和掌控它。"

(二)立体效果的主动控制

在前文关于"空间的自然还原"的讨论中已经谈到,立体效果并不是物理空间的照搬,而是需要依据安全性、舒适性、艺术性和前后镜头关系等因素进行主动的控制。《了不起的盖茨比》的立体摄像师阿伦索·赫姆将这一过程描述为为故事寻找合适的深度范围的过程:"重要的是要找到适合这个故事的深度范围、强度和体积感。就像你不会在一个场景中使用黑色电影

的布光而在紧接着的下一个场景中使用喜剧的布光一样。所以你不能随着画面截断更改 3D 的风格,或者过分强调 3D 的存在。"在实际创作流程中,这类控制往往需要前期策划、中期拍摄和后期制作的调整共同完成。尤其是拍摄阶段,由于第一次空间映射基本确定了画面中物体空间的排布,因此在拍摄时,结合镜头调度有目的地设计立体效果是一部立体影像作品核心表现力之所在。在舞蹈立体电影 *PINA* 中,制作者并不想突出立体影像本身,而是利用立体影像自然地展现舞蹈设计所构造的空间。但是,在影片开始部分,当舞者从舞台的前部退到半透明的帘子后面时,制作者将帘子推向了负视差空间的极致。观众会感到舞台上的半透明帘子就垂在眼前。这是影片中为数不多的将立体感完全暴露给观众的瞬间。这样的瞬间发生在影片开头部分,一方面建立了强烈的舞台空间意识,另一方面满足了观众对 3D 效果的期待,为后面更自然(但有些平淡)地使用立体空间制造了铺垫。

在创作过程中,主动调整立体效果一般需要立体总监与摄影指导协同完成。对于整体空间的调整,需要通过摄像机的瞳距、会聚等参数实现;而对于具体人物、物体或空间的调整,则需要通过调整具体对象之间的空间位置关系来进行。如前文所述,在进行具体对象调整时,从小屏幕监视画面中很难看出细微的差异,因此接近目标投放屏幕的监视器和立体视差分析设备就显得十分必要。如果这些条件均不具备,那么能计算视差和圆度的立体计算软件是必需的参考。目前在 Windows、OSX、iOS、Android 等平台上均有非常专业的立体计算软件,如 Stereo Base Calculator、RealD Pro Stereo 3D Calculator、SGO Mistika Stereo 3D Calculator 等。立体计算器的参数、用法均较为一致。[①] 但是它们在使用的算法和适用的媒介方面各有侧重。各种计算器的使用方法和特色在笔者拙作《立体影像创作》一书中都进行了对比介绍,这里不再赘述。

---

① 崔蕴鹏.立体影像创作[M].北京:高等教育出版社,2014:119.

（三）后期立体校正的创作可能

　　如同数字校色对于色彩的二次创作，立体后期校正对于立体影像来说也具有创作可能。立体后期校正原本的用意与胶片冲洗工艺中的"配光"类似，是为了获得理想的效果而在后期对画面进行人工操纵。对于立体影像来说，后期校正环节最基本的目的就是消除画面上的非水平视差并进行亮度和色彩的匹配。早期的后期立体校正工具由于算法和性能所限，难以超出四点变形和曲线调整的范围。然而，随着光场（Optical Flow）算法的成熟和以 GPU 加速为代表的硬件效能的提高，后期立体校正的创作能力正在逐渐增强。如前文第二章第一节讨论锥体空间构图的重新安排时介绍的，当今的后期立体校正软件可以对立体画面进行分析和重组。这一功能与 Photoshop 中具有"内容感知"（Content Aware）能力的移动和填充工具类似，目的是对画面进行重构。而 Photoshop 中的"内容感知移动"是对二维画面的重新组合，立体校正可被认为是在锥体空间内对画面中对象的重新排布。具备类似功能的软件有 NUKE（Oculus 插件）、宽泰、3D Emotion SSX 插件、SGO Mistika，等等。

　　后期立体校正在一定程度上降低了对前期拍摄时精确的空间构造的依赖。后期调整会聚甚至瞳距、重新安排画面中某一物体的空间位置和圆度等均成为现实。但是由于算法所限，后期立体校正在调整画面时难以做到完全"无损"。尤其是对空间构成复杂的画面进行瞳距调整时，物体的边缘会产生"水纹"形态的噪波。这些噪波是由于物体边缘分割不当产生的，立体转制时也会出现类似的问题。

　　立体转制作为一种完全在后期为已有的平面画面进行锥体空间构图的手段，相对于立体实拍在灵活性和成本方面有极大的优势，因而近年来在主

流商业电影中应用广泛。在锥体空间构造方面，立体转制对空间营造手段和要求与实拍立体相似。但由于后期转制时，对于实拍时的空间关系难以准确了解，加之景别和运动的节奏更为紧促，导致后期转制很难回推出实拍时的空间和物体间的位置关系。另外，实拍时立体影像设计者的缺席，往往会在拍摄时忽略立体影像自身的规律，引起立体转制难以处理的问题，如在构图方面空间压缩过紧、前景模糊、运动过为激烈等。对于立体转制来说，由于整个锥体空间构图均是在实拍结束后构造出来的，因此与其说它是立体校正，不如说是拥有完全自由度的创作过程。在现有平面影像的基础上，立体转制过程可以"自由"安排画面元素在锥体空间中的分布。然而，也是这种"自由"，给立体转制带来了更大的难度，提出了更高的要求。

　　总之，尽管除立体转制外，后期立体校正的创作能力还十分有限，但已经可以作为微调的手段对锥体空间构图进行调节，影响最终画面的呈现效果。这其中就可加入创作者对空间控制的主观思考，从而达到对锥体空间有目的的利用。

第二节　锥体空间论对产业的影响

一、对产业中的人的影响

（一）创作者

　　电影、电视等作为一种交叉融合度极高的工业产物，在创作中涉及的"创作者"往往是以数十、数百甚至数千人为单位的集体。人员中既有以文学写作为主要工作的编剧，也有以数字技术为主要手段的 DIT（数字中间片

工程师）。随着文化产业的发展，无论是电影还是电视，无论是好莱坞还是地方台，都逐渐形成了以流程为主线、以职业技能的细化分工和深入合作为主要形式的"制作流水线"。其中涉及的诸多具体工种已经在实践中磨练出一整套应对其工作的职业技能体系、术语体系和工作习惯。这种趋于稳定的"规训"是持续存在的，是一个行业稳定发展的主旋律，也是整个影像行业降低成本、提高效率的重要前提之一。

在媒介本身发生巨大变化时，流水线会随之发生调整，具体工种面对的工作流程、工作类型和要求也会发生变化，其"规训"过程被打破。这时已有的工种会重新调整其技能要求和工作内容，新的"规训"会随着流水线的再次理顺而回归。当然新的工种也可能随之诞生。在电影、电视历史上，当声音、色彩、数字图像等对媒介有直接影响的技术进入创作流水线时，均可以看到相应工种发生了变化，同时创造出了一批新的工种。

立体影像技术进入影像行业的流水线中并不是本次立体潮流（21 世纪初）的首创。在 20 世纪五六十年代的立体潮流中，立体影像技术已经与传统的电影制作流水线产生过碰撞。以创造了《魔鬼博纳华》等一批具有相当影响力的立体电影的"自然视觉"（Natural Vision）立体拍摄系统为例。当时人们就已经提出了对摄影、置景、冲印、放映等从前期到后期等多个工种的新要求。而在本世纪初，刚刚经历完数字化的影像产业甚至还没有完全解决数字化带来的问题，就迎来了立体技术的新挑战。数字技术与立体技术一起，对已有的工种提出了更高的要求。如视觉预览师、摄影指导、摄影师、数字中间片工程师、灯光师、剪辑师、特效师等均受到了不同程度的影响，更创造出了"立体指导"（Stereographer）、"立体调节员"（Convergence Puller）、"立体校正"（Stereo Correction）、"立体转制"（Stereo Conversion）等新的工种。

对于编剧等前期创作人员来说,立体影像很多时候是以一种新的"要求"出现的。多数商业立体作品在前期就已经确定其将要采用立体的方式制作。编剧虽然不负责最终的画面呈现,但在设置剧情时需要将锥体空间作为节奏之一考虑在内。加之商业方面的考虑,编剧往往需要为立体这个本不属于自身工作范畴的问题添加一些"噱头"。视觉预览师的工作受到的影响则更为直接。他在制作主要段落甚至全片的视觉预览时,就需要在锥体空间内工作。其所得的视觉预览除了动画视频、分镜头剧本、机位图外,往往还包括立体摄像机组的设置信息,以供后期参考。视觉预览作为全片第一种可视化的立体图像,往往还会供立体指导、摄影指导等共同讨论片中使用的立体策略。前文所述的《雨果》《了不起的盖茨比》等片前期对立体策略的确定过程就是如此。

对于摄制流程中已有的工种,立体影像所带来的影响主要体现在观念和技术细节两个方面。所谓观念方面的影响,主要就是锥体空间的引入。如受到直接影响的摄影指导,以往的工作主要是与导演、灯光、摄影等一起构造画面。在立体影像环境中,其工作目的没有变化,但工作的空间却有了维度的跃升——从二维的矩形空间变为了三维的锥体空间。摄影指导不得不考虑所构造的画面在观众面前能否展现正常的空间感、是否会引起观看的不适、是否与前后镜头之间的空间相比过于跳跃等等额外的问题。比如,需调整与灯光、置景等工种的沟通方式,术语是否能够准确传达意图,是否能够有效地解决问题,等等。与立体指导的沟通也成为摄影指导工作中的一个重要的组成部分。此外,立体拍摄策略和立体设备选型等也成为摄影指导需要关心的新问题。

摄影指导所面对的改变只是一个典型的例子。有些工种由于主要涉及具体的技术细节,受到的影响则更加直接。如随着数字图像技术的引入而

诞生的"数字中间片工程师"（DIT）。实际上，随着整个制作流程的数字化，传统意义上的"数字中间片"已经逐渐退出了历史舞台。但是作为连接传统流程与数字流程的关键环节，数字中间片工程师却作为一个特定工种被保留了下来并成为剧组中不可或缺的组成部分。在纯数字化流程的剧组中，数字中间片工程师的主要职责包括：管理和备份拍摄所得的原始数据，管理记录介质（如硬盘、记录卡等），提供现场监看所用的视频信号，管理与后续环节（如剪辑、调色等）对接相关的信息等。对于立体实拍的影片，其所得的原始数据数量加倍（至少包括左、右机位的数据），对于 DIT 的数据管理来说，一倍的数据量不仅意味着所需的储存空间加倍，其传输带宽、备份时间也将加倍，相应的储存介质的数量也需加倍。同时，数据类型也有所增加。（一般还需记录立体摄像机组的配置信息）在节奏紧张的实拍剧组中，这一量变所带来的影响是是巨大的。

此外，如本章第一节所述，立体监看设备的屏幕应尽量接近最终目标屏幕的显示面积，常常需要 20 英寸甚至 40 英寸的高清或 4K 监视器。对于在摄影棚内拍摄的剧组来说，这一需求比较容易满足，但对于野外拍摄的剧组来说，这种配置就对运输、供电提出了挑战。再有，现场立体监看所需的色彩空间转换（如 Log 转为 Rec 709）、分辨率变换、后期调色信息（如 CDL）的预载、立体匹配校正等，都对 DIT 的工作提出了更高的要求和全新的挑战。DIT 需要使用现有的标准设备组建出可以满足以上要求的新现场数据流程。

随着立体影像融入标准的摄制流水线，为了应对其带来的新问题，新的工种也随之诞生。如"立体指导"（Stereographer）是负责全片立体效果的主控人员，其主要职责是与摄影指导、后期监督等主创人员一起设计、实施、把控全片的立体策略。在一些小规模的制作中，立体指导可能会由摄影指导兼任。从"立体调节员"（Convergence Puller）的职位名称可以看出其源自

"跟焦员"（Focus Puller），但其工作职责不仅是调节会聚（Convergence），而是在立体指导的控制下，负责立体摄像机组有关立体的全部参数控制。其与立体指导的关系如同摄影师与摄影指导的关系。

"立体校正"（Stereo Correction）和"立体转制"（Stereo Conversion）是后期流程中出现的新环节，其主要工作：一是校正已有立体画面，消除所有不正确的画面元素；二是完全通过后期制作，完成平面画面的锥体空间构图。即使是完全实拍立体的作品，后期往往也会涉及这两个环节。已有的后期工种有的也受到其较大的影响，如特效制作。特效制作组已经成为摄制组外另一个主要的制作单位，其自身涉及的人员、部门众多，工作流程极为复杂。在平面影像空间中，特效制作可以利用平面投射的诸多特性，如绘景、背景放映等。而在立体影像中，由于构图空间从平面跃升到锥体，特效制作的很多方法、流程需要随之转向真实的三维空间。这种转换对于特效制作来说，不仅意味着工作量的提高，更涉及制作方式、人员构成和成本控制等更深层的转变。

（二）观众和批评者

作为一种与观众熟悉的欣赏方式、审美习惯有一定区别的"新"影像媒介，立体影像产业在不断推出新作品、新技术的同时，也在吸引着其"新观众"。从19世纪到21世纪的几次立体风潮中，虽然技术和商业因素起到了重要作用，但观众对于立体影像的好恶却更加直接地决定了立体风潮的起伏。从这个角度分析，观众也在塑造着立体影像的"新产业"。尤其随着电影、电视和互联网的深度融合，观众对于立体影像产业的影响更加强烈而直接。观众在有充分消费选择前提下的用脚投票，也能从一个侧面反映一部立体作品甚至整个立体行业的成功与否。

无论是从数量、构成还是从话语模式分析，互联网时代的批评者都与前

互联网时代有着极大的不同。在很大程度上,批评者的权威和专业性正在逐渐被解构。艺术批评、产业分析等专业性的批评则被边缘化为其领域内的专业讨论,很难对作品的口碑和票房表现产生很大的影响。影像行业在传播属性上的大众性更放大了这一转变。影视作品的口碑和票房,往往受到成百上千的"众评"影响。从这个层面上考虑,互联网时代的观众群体具有双重角色,在不同的情景下,两种角色的身份是可以互换甚至重叠的。

立体影像对观众和批评者(或者说两种常互换的角色)最直接的影响就是欣赏方式的改变,进而导致审美习惯、评判标准随之改变。平面影像虽然可以表现丰富的动态和深度,但其观赏方式在本质上与绘画作品的观赏方式无异。观看者在观看时是对自身位置、画面位置和画面中空间的假定性有确定了解的。这种空间关系的确定性可以帮助观看者消除自身位置产生的扭曲,增强对于画面中利用非视差线索营造的空间的理解。然而,这与立体影像的观看方式有很大的区别。观众通过可以产生视差的方式观看影像,因此可能需要佩戴立体眼镜,或者正好处于裸眼立体的观看点上。更重要的是,观众与影像的空间关系是经过两次映射在锥体空间中重新建立的。也就是说,观众对画面中的物体所处的空间位置是不确定的——即使观众可以在立体影像放映前明确知晓其与物理屏幕的空间关系——随着立体影像的呈现,物理屏幕自身位置也被锥体空间所代替。这种变化对于习惯观看平面影像的人来说是惊人的,立体产业对其的第一反应也是如此。这就解释了为什么每次立体风潮兴起时观众都会追捧"超强立体感"。然而,随着"超强立体感"所带来的视觉紧张感,加之不完美的立体影像质量带来的不适感,观众和批评者很快就会对这种超强的立体感产生厌倦,对于"为什么要戴上沉重的眼镜观看昏暗的画面"产生怀疑。但由于缺乏一个统一的立体影像空间观念,这种怀疑往往在立体影像产业价值完全消散的匆匆过

程中也随之消散。而随后应进行的反思却往往随着热点的转移而不够深入。本世纪初的立体影像风潮正是处在这个反思的开始阶段。

立体影像的锥体空间理论更深一层的影响在于,观众对锥体空间作为视听语言补充的适应。构图空间由平面跃升为锥体,不仅如前文所述,对于创作者而言有着巨大的影响,对于欣赏者和批评者而言也意味着在新的维度中进行接受和解读。比如本书第四章讨论的"眩晕感"问题中,就包含着一种立体构图元素从"偶然的错误"向"必然的语言"过渡的可能。此外,本文第二章、第三章中讨论的锥体空间构图的视线引导问题、运动问题等,均意味着观众看画面的方式正在或者即将发生变化,其蕴含的视听语言也需在新的空间中通过创作者的探索和与观众之间的磨合逐渐成形。

总之,立体影像的锥体空间这一抽象的概念不仅涉及立体影像的创作,更直接影响到欣赏和批评环节。在互联网时代,这三者间的分割并不是非常清晰的。所以,以新的维度对视听语言的手段和理论进行思考,对立体影像来说是至关重要的。

二、对欣赏环境的影响

(一)影院

由于专业的视听环境和大屏幕更适应第二次空间映射的特性,影院毋庸置疑是立体影像最佳的观赏环境。尤其是巨幕电影、IMAX 技术的介入,使"浸入式"的观影氛围更加浓厚,多层次地推动观众与影片的互动交流。[1]但是,目前的影院空间设计,有些是与锥体空间的第二次空间映射需求相违背的。实际上,作为一种供多人同时观看的影音环境,无论是平面的画面

---

[1]　吴申坤,彭吉象. 3D 电影的美学进阶:从视觉奇观到观念表达[J].现代传播,2014(6).

(亮度、色彩和几何变形)、声音(尤其是环绕立体声、多平面沉浸声),还是立体画面(观看角度、屏幕视野覆盖率)方面,不同座位上所获得的效果均不相同。影院(影厅)的设计一直以来就是观看效果与经济效益之间妥协的结果。图 5-1 是现代电影诞生之初电影院放映电影的情景图。当下的影院基本延续了其座位模式,而这一模式,还可以向前追溯到古希腊的剧场——大扇面形的座位以舞台的宽度为起点向后、向两侧延伸。这种座位模式可以最大化地保证单场放映时观众的数量,同时保证各个座位上的观众都能看到完整的画面——也仅能完整而已。

图 5-1　1895 年的影院①

　　图 5-2 是当下业界和相关的标准化组织推荐的影厅座位设置。图中影厅以 2.39∶1 的超宽银幕为例。2.39∶1 的超宽银幕是目前商业大片常用的比例格式,也是常用的商用格式中最宽的。实际上,以 2.39∶1 的超宽银幕作为参考标准,在多数标准以银幕的高度为参考数值的情况下,前排的座椅位置可以更靠近银幕,更加充分地利用影厅空间。图中主要体现了 SMPTE、

---

① An etching of a ca.1895 vaudeville house converted into a makeshift "movie" theatre. The history of the discovery of cinematography[OL]. http://www.precinemahistory.net,1997.

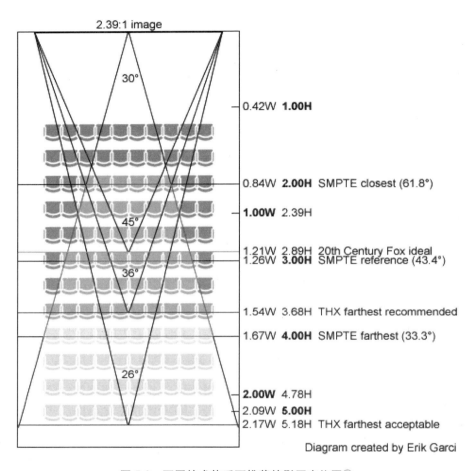

图 5-2　不同技术体系下推荐的影厅座位图①

THX 和 20 世纪福克斯三种标准。SMPTE 是指 The Society of Motion Picture and Television Engineers(电影和电视工程师协会),它成立于 1916 年,是影视业界具有相当高的权威性和影响力的专业组织。其有关"标准放映环境"的文献中要求,影厅最前排座椅需距银幕 2 倍高度,最后一排座椅距银幕不能

---

① GARCI E. PPD calculator[OL]. http://res18h39.bitballoon.com/calculator.htm. 2009.

大于 4 倍,最佳观看位置在银幕 3 倍高度处。对于 2.39：1 的银幕格式,等同于屏幕的视野宽度在 61.8 度至 33.3 度之间,在最佳观看位置时为 43.4 度。20 世纪福克斯公司除了出品电影、电视节目外,早期还拥有大量运营院线的经验,其最佳观看位置也设定为 3 倍银幕高度附近。THX 作为卢卡斯影业的私有标准,仅规定了推荐的最远观看距离(3.68 倍银幕高度)和可接受的最远观看距离(5.18 倍银幕高度)。而实际上,商业运营的影厅座椅安排要远远超出这几个数值。尤其是在前排座位方面,除更靠近银幕外,两边的座位更远远超出了图中粉红色的范围。这意味着坐在前排两边的观众不仅看到画面由于距离过近而产生纵向梯形失真等问题的同时,还要忍受巨大的横向变形。在这些座位上观看立体影像时的第二次空间映射,由于物理显示面的倾斜,也会产生较大的失真。这种失真轻则会引起观看时画面空间营造的失常,重则会扰乱观众的空间感从而使其产生眼部紧张、头晕等不适感,这种不适感甚至在观影结束后还会持续。

通过前文的讨论我们可以得知,在立体影像作品的前期策略制定阶段,就需要假定观看情景。这种假定与实际观看时的第二次空间映射情况越靠近,观众看到的立体影像就越接近设计者的初衷。而影院中只有为数不多的座位处于这种最优的范围内。诚然,影院需要考虑增加单场放映可容纳的观众数量以增加收入,但远远偏离正常立体观看范围的座位(如前排两侧)的观看效果极差,应该拆除,或在放映立体影片前告知观众这些座位的观影效果不佳。

(二)家庭和个人欣赏

与影院不同,以电视为主要形式的家庭影音欣赏环境的随意性更强。首先,虽然立体电视厂家根据其产品特性提供了最佳观看距离等信息,但是家庭中使用电视机往往遵循房间和家具布局,而忽视最佳观看的空间要求。

一般来说,家庭使用的立体电视实际观看距离要比最优化距离更远,画面占有视野的比例较小,第二次空间映射的锥体底面较小、非常细长,不利于锥体影像空间的营造。其次,使用立体眼镜为主要形态的立体电视不利于获得轻松、随意的观看体验。加之主动快门式立体眼镜(如索尼的 Full HD 3D 标准)需要充电并保持与电视机之间的同步信号,给观看带来了更加繁复的准备工作,大大影响了观看体验。但需要注意到的是,随着大屏幕 4K 电视的逐渐成熟,其更高的屏幕分辨率更适合于近距离观看,这从另一个方面解决了影像占视野比例过小的问题。但无论是偏振光模式还是快门模式,立体眼镜依然是家庭欣赏立体影像时最大的障碍。总之,目前的立体电视由于受其自身特性所限,并不适合观看立体影像。家庭和移动媒体中,使用既有屏幕配合立体眼镜的立体欣赏模式已现颓势。头戴式显示器(HMD)或许可以成为这个领域中的替代品。

头戴式显示器一般使用两块微型的显示面板配合透镜制造覆盖视野范围较大的画面效果。近期流行的 Oculus Rift 2、索尼的 Project Morpheus、微软的 Hololens 和 HTC 的 Vive 等均具备 100 度左右的视野覆盖。其他不以 VR 为主要用途的头戴式显示设备,如索尼的 HMZ-T3、暴风魔镜等,也都具有 70 度以上的画面视野宽度。可以说在视野覆盖范围方面,头戴式显示设备超越了大部分影院,成为最有利于营造沉浸感的显示媒介。除视野范围大外,头戴式显示设备还解决了电视作为立体影像媒介的另一个问题——头戴式显示设备内置的显示面板光路与头部相对固定,不仅保证了第二次空间映射始终处于最优状态,而且还与观看者的姿态无关。另外,头戴式显示设备所具有的交互性更蕴藏着巨大的潜力,为未来交互性叙事影音作品提供了良好的平台。甚至我们也能在一定程度上,通过"虚拟替身"和"虚拟影院"等方式解决头戴式显示器仅能单人使用的问题。

（三）跨屏幕内容投放

平面影像内容的跨屏幕投放已经成为常态。随着数字传输壁垒被打破，一个节目源向处于不同网络环境中的不同屏幕投放内容早已成为现实。显示技术的进步使不同屏幕的分辨率均接近或超过了标准高清水平。电影、电视、手机等不同屏幕间的差异几乎仅存在于色域和比例方面。而这两个技术性问题可以通过平移缩放（Pan and Scan）和色彩对应表（LUT）等成熟的技术解决方案以实时的速度加以解决。同时，基于数字加密的内容传输和播放授权机制保证了内容跨屏投放的可控性及其商业价值。无论是预制的影视剧形态的内容还是电视直播内容，均已经通过跨屏幕投放的方式获得了更高的观众数量，取得了更好的传播效果，实现了更高的商业价值。如美国家庭影院频道（HBO）、英国广播公司（BBC）以及好莱坞各大电影发行商，均推出了其面对跨屏幕内容投放的整套解决方案，且均对此领域带来的业务增长抱有极大的信心。

但对于立体影像来说，跨屏幕内容投放却存在更复杂的问题，即同一内容对不同的第二次空间映射的锥体空间的适配问题。负责 FIFA 世界杯和温布尔登网球公开赛立体转播的 HBS 公司总监彼得·安格尔简单明了地描述了这一问题："3D 镜头是由屏幕宽度的百分比来定义出、入屏幕的程度的，所以由于同一百分比所对应的实际距离不同，在大屏幕上的冲击力要大于 46 英寸的电视画面……2010 年 FIFA 世界杯和 2011 年温布尔登网球公开赛都在全球范围内进行转播，既面向 3D 电视转播又为配备了卫星接收装置和数字影院设备的电影院提供信号。所以观众是通过不同大小的屏幕，在不同的观看环境中观看转播的——所以他们的观看体验肯定会有不同。"如本章第一节所述，立体内容在策略制定阶段就需要设定"目标屏幕"即理

想中的观看环境,以确定第二次空间映射的最优化方式,进而影响到锥体空间的使用策略制定。这一做法虽然保证了接近理想观看环境的立体观看效果,但是也将其他观看环境排除在外。假如一部立体作品的目标银幕为普通电影银幕,其立体效果在家用电视上播放就会显得过于保守,而在巨幕上播放则可能会由于视差过于强烈而产生安全隐患。反之亦然。这是由于第一次空间映射完成后,画面中的视差百分比就已经确定下来了,不会随着放映屏幕的变化而自动调整,加之不同情景下观众观看距离的差异,综合导致了不同屏幕间立体观看体验的巨大差异。

　　那么,是否可以针对不同屏幕制作不同格式的立体内容版本呢? 对于拥有充足后期制作时间的影视剧形态的内容是有可能的。但如本章第一节介绍后期立体调整的创作可能时所述,后期调整画面瞳距可能会引起水波纹等画面干扰问题。只有后期立体转制或通过类似手段对画面进行精细分割的方法,根据不同观看情景制作版本在技术上是可以做到基本无损的。但制作成本方面的限制使得这种做法仅适用于部分高投入、周期长的内容。而对于直播的电视节目来说,同时制作两个版本的做法并不可行。HBS 公司在 2010 年 FIFA 世界杯前的试验也证明了这一点。"我们曾试图为影院和电视分别制作不同的转播信号,但是行不通。所以我们设计了一套在两种屏幕上都能观赏而不会影响舒适程度的深度方案。"这种妥协是最常用的手段:"目前立体电视的经济状况驱使很多制片人通过发行多种格式来获得最大的收益——有时针对巨大的 IMAX Dome 穹幕的影片摇身一变转换为 iPad 格式。为了避免为两种不同的格式各制作一个版本的高成本,需要在可用的立体范围商做出妥协。在小屏幕上明显的立体效果可能会扭曲影院观众的双眼。"[1]如针对 FIFA 世界杯的立体转播,彼得·安格尔最终设定的

---

① PENNINGTON A, GIARDINA C. Exploring 3D: the new grammar of stereoscopic filmmaking[M]. Focal Press,2013:140.

深度方案是对不同屏幕的立体范围进行保守的折中:正视差(入屏)2%—2.5%,负视差(出屏)0.5%—1%。大多数时候,立体效果被限定在0.5%—2%的保守范围内。而这些立体内容依然仅能在屏幕上播放,无法直接在头戴式显示器(HMD)上播放或利用其广阔的视野和互动的特性。

2010年,由Sky电视网出品、Atlantic制片公司制作的《与怪兽同飞翔》被其制片人称作第一部同时在IMAX 2D、IMAX 3D、IMAX Dome穹幕、2D影院和电视、3D影院和电视等一系列不同媒介上播出的电影。同时,它也是第一部画面中有讲述者出现的IMAX电影、第一部试图在院线上映的立体纪录片。最终,它成为第一部获得BAFTA奖(2011年最佳专题节目)的立体节目。这种尝试是十分有益的。无论是通过后期手段制作针对不同屏幕的不同版本,还是在不同屏幕的立体特性间妥协,立体内容必须找到针对不同屏幕进行投放的方式以走出单一媒体的限制,占有更广阔的市场。

三、对立体内容产业模式的影响

(一)产品策略更加务实

由于立体影像的冲击力和话题性,无论是20世纪五六十年代还是21世纪初,电影公司和电视台都出现过仓促上马立体项目、盲目扩充立体设备和团队,而很快又因为粗糙的立体效果自食苦果的例子。立体内容在影像产业中作为一种特殊的形态,经历了作为噱头和提高利润的工具的阶段,正在走上面向创作需求、面向观众需要的正确发展方向。

更加务实的产品策略,不仅可以摒弃浮躁、盲目的追捧情绪,还能从根本上改观立体影像产品的质量,进而使立体影像逐渐获得观众认可,进入良性循环。在立体CG动画电影方面,梦工厂动画公司全球立体效果总监菲

力·麦克纳利说:"我会鼓励人们在制作 3D 电影时别去想那些让你落入俗套的模式化的东西,而是重新开始考虑如何制作一部'空间电影'。"在这种策略的支持下,整部电影当中,制作者使立体效果以一种有机的方式加入或消失,这种方式可以让立体与灯光、构图和音乐等因素一起支撑故事。通过"有节制地使用 3D",在草图(Layout)阶段,设计师就将立体作为构成画面的有机元素进行统一的考量。他们不仅创作出了《驯龙高手》等优秀的立体产品,获得了观众的认可、成功的票房,更扭转了《驯龙高手》导演迪恩·德布洛斯和克里斯·桑德斯对立体电影所抱有的成见。其成功坚定了梦工厂"自《怪兽大战外星人》以后所有电影作品均以立体格式制作和上映"的公司策略,也促使梦工厂成为好莱坞立体电影的主要推动者之一,深远地影响了公司甚至业界的产品策略。此外,迪士尼等 CG 动画电影巨头在立体空间控制、渲染技术等领域也做了大量的研发,通过更完善的立体制作工具,制作出如《冰雪奇缘》《超能陆战队》等一批优秀的立体 CG 动画电影。

在实拍和立体转制的真人电影方面,由于立体空间控制不如 CG 动画电影自由,因此在效果的提升和产品策略的探索方面更加困难。经历了缺乏立体控制的拍摄和粗糙的转制,真人立体电影也逐渐寻找到了适合自身的立体产品策略。对于适合立体形态的、符合观众期待的立体作品,出品方会考虑选择立体方式进行制作和投放;而对于一些不能发挥立体影像长处的作品,出品方逐渐回归理性,不再强求进行立体制作。但需要警惕的是商业利益驱动下个别影片在个别地区伙同发行商和院线故意制造非立体版本难以上映、排片量小,甚至仅放映"地区特供"立体版本的行径。这种行径是一种涸泽而渔的做法,不仅会直接伤害观众的利益,从长远来看更会损害立体影像的声誉。

立体电视频道方面,由于其内容有限、观赏效果难以保证,近年来全球

的立体电视台出现了数量削减、内容缩水的趋势。在产品策略方面,以预制的影视剧和立体体育转播为主要节目内容的立体电视频道的情况要好于以电视新闻、文艺节目为主要内容的电视频道。这也从一个侧面说明了观众对于立体电视内容的期待模式。但是由于如前文所述的立体电视存在的诸多问题,立体电视频道在立体电视技术没有根本性突破之前难以有所起色。

(二)题材选择更加丰富

在立体作为奇观的时期,其适用的题材也一定是充满视觉冲击的恐怖、动作、科幻等几个有限的品种。这些作品的主要目的是通过立体展现夸张的"出屏"效果和过山车式的"眩晕感"。《魔鬼勃华纳》《恐怖蜡像馆》《黑暗中的人》等片从标题就可以感受到其风格。随着立体技术手段的逐渐成熟和创作经验的积累,立体影像产业逐渐将其适用的题材拓展到剧情片中,沉浸感成为立体影像追求的主要目标。另外,以 IMAX 为代表的巨幕格式在自然纪录片、科教电影等方面有着丰富的经验。目前,虽然动作、科幻和史诗"大片"依然是立体电影的主要题材,但是同时也可以看到,许多影片正在积极探索广阔的题材,如立体歌舞剧、立体人文纪录片、立体舞台剧等题材领域,且均有成功的案例。

在立体电视频道和影院直播技术的支撑下,立体电视直播成为新的立体影像题材。对于现场转播来说,依赖后期制作并不可行,从源头开始获取精确的效果才是关键。关键问题有:与平面转播机位的互用,时码做到帧同步锁定,电脑完全控制变焦、瞳距和焦距调整,与此同时,保存每台摄像机的相应源数据(Metadata)等。在技术准备方面,设备制造商、电视台和制作公司联手为立体电视直播做好了准备。如为了能够成功转播 2010 年在南非举办的 FIFA 世界杯比赛,索尼的专业系统分公司投入了大量的资金和技术力

量,并与 CAN 通信公司合作,通过大量的实际测试,完善了基于 MPE-200 处理器的立体实时信号处理系统。直播经验方面,经过 2008 年加拿大 IIHF 世界杯和 2009 年法国 Ligue1 比赛中的测试,HBS 公司逐渐完善了其立体直播系统。同时,人们也对不同体育运动的赛场、运动规律和长期 2D 转播所形成的观看习惯与立体转播中的异同有了较深的理解。立体转播通过 ESPN 3D 和小范围电影院直播的方式,为观众营造了出色的"临场感",获得了一致的好评。但由于设备、技术和人力成本过高,所转播的比赛类型和场次还比较受限。

逐渐成熟的头戴式显示设备和迅猛发展的 VR、AR 技术,成为立体影像产品的另一个新舞台。使用实时渲染技术生成的立体、互动内容,如视频游戏(Video Game)、场景漫游(如《星际穿越》为影片打造的飞船内部漫游)、动画仿真(如军事、设计领域使用的仿真环境),是目前 VR 方面常见的题材类型。随着计算机硬件能力和算法方面的进步,近年来,实景游戏、工业装配辅助等 AR 应用也发展迅猛。无论是使用 Oculus Rift 还是微软 Hololens 设备,与实景结合的实时立体 CG 技术将在今后相当长的时期内保持迅猛的发展势头。通过多机位拍摄然后拼合画面成为全景画面的技术早已有之。图 5-3 的左半部分展示了 1900 年卢米埃尔兄弟设计的"静态全景照相机",右半部分展示了 21 世纪初通过整合微型数字照相机或数字高清摄像机实现的全景摄影、摄像设备及其拍摄效果。这些全景图片均不是立体格式。实际上一直以来,全景摄影的瓶颈在于多视角影像的拼合。早期的拼合完全需要手动完成,立体影像所需的更多视角的信息往往难以处理。随着数字图像处理技术的进步,镜头畸变校正、暗角消除、画面内容对齐和画面融合等工作多由计算机自动完成。自动化了的过程为大量、高速的画面处理提供了基础。2015 年,各视频制作解决方案提供商纷纷展示了其具有实时拼合

多机位影像功能的软件，立体校正等后期处理也已经实现实时，相信在不久的将来就能方便地进行360度立体视频制作甚至转播。这些技术的发展为头戴式立体设备的内容预制、实时转播提供了基础，也为立体影像领域开辟了新的题材空间。

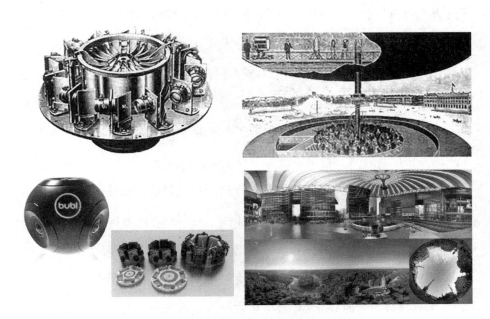

图5-3　全景摄影、摄像设备

（三）宣传方式更加理性

立体影像作品的宣传往往是带有强烈"技术卖点"的。这种宣传方式的走向无论是在20世纪20年代、50年代还是21世纪都未曾改变。早期的立体作品被当成"奇观"进行宣传，主要突出作品能产生立体感这一特性。如1920年左右的立体系列"电影"*Plastigrams*的海报中用最大的字体写道："AT LAST! THE THIRD-DIMENTION MOVIE"（终于！三维电影）；有些影片就直接叫作《新维度》（*New Dimensions*，1940）。这种突出产品的立体特性的

宣传方式在观众对于立体作品相对陌生的时期有一定作用。但随着"银幕可以放映立体画面"这一现实逐渐被观众所熟知,仅以"能立体"作为宣传重点的方式逐渐退出了立体舞台。20 世纪五六十年代的立体电影的宣传重点在于作品立体感的强烈刺激性。随着一批利用立体画面制造强烈的感官刺激的影片推出,这种特殊的观影体验成为宣传的重点。如《魔鬼勃华纳》经典的"狮子在你腿上,情人在你怀中"宣传语形象地描绘了夸张的立体效果与夸张的宣传一同成为那个时代的特征。此外,与"特艺色"(Technicolor)、"宽银幕"(Cinerama)等技术卖点一起,一些成功的立体技术系统也作为宣传的卖点时常出现在影片的海报和预告片中。如"自然视觉"(Natural Vision)等不仅被从业者熟知,也被观众认为是好的立体效果的品牌保证。但由于立体影像理念的不完善,这个时期的立体作品画面仍以夸张为主,很难做到"自然",无论是创作还是宣传方面,都以"超立体"为主要卖点。

21 世纪初,数字立体影像技术给立体产业带来了巨大的变化,立体作品重新回到大众视野中。在经历了一次短暂的"能立体""超立体"的历史回流后,立体作品的宣传重点回归到影片、故事、人物本身。大多数立体电影的海报和预告片仅在末端标明其采用的立体技术,如 RealD 3D、Disney 3D、IMAX 3D 等。但随着立体转制技术的大量使用,参差不齐的转制质量使部分作品的宣传重点转移到"真假立体"上来。实拍的立体作品被认为是"真"立体,转制的立体作品被认为是"假"立体,实际上是观众对立体作品质量的直观整体评价。从宣传角度来看,"真假立体"之争正是利用了这个误解,为那些投入了大量成本的实拍立体作品增添了宣传的筹码。

但随着《泰坦尼克号 3D》等转制效果优秀的立体电影的上映,"真假立体"作为宣传策略也逐渐失去了说服力。宣传设计者转而将"好立体效果"与技术和团队密切联系起来,通过制造"立体品牌"来进行宣传。如

"《阿凡达》立体技术""IMAX 质量""卡梅隆制作团队"等目前在国内外电影的海报和预告片中非常常见。这种宣传策略在本质上依然是对立体作品高质量保证的宣传。相对于"能立体""超立体"或"真假立体"为核心的宣传策略，以质量、技术和团队为核心的宣传策略更指向核心问题，相对更为理性。

第三节　锥体空间论对理论的影响

一、影像创作空间的维度跃升、约束和明晰

　　虽然对三维空间的直接创作在雕塑、建筑中早已经实际存在，计算机动画（CG）的创作空间也是完全三维的，但影像媒介却一直是在"现实世界的投影"的二维空间中进行创作的。关于如何将三维的现实世界以合理、有效且合乎目的的方式映射到二维的构图空间，无论是创作者还是理论研究界，都形成了一整套技术、方法和语言体系。总体上说可以概括为："传统意义上的 2D 电影，以二维平面呈现，其集中体现在：透视理论上的近大远小、摄影机焦点的虚实变换、光比度的明暗差异以及色彩度的冷暖转化等方面，这些基本的视觉习惯在电影发展的过程中反复地运用，产生了电影空间感的独有画面手法，通过画面元素来达到空间感的塑造……在传统电影时代，2D 电影所能还原的是建立在透视原理上的，通过观影积累，经人脑进行加工出来的空间概念。简言之，其'空间感'的形成是通过人的视觉惯性进行自我填充。"[1]

---

[1]　吴申珅，彭吉象. 3D 电影的美学进阶：从视觉奇观到观念表达[J].现代传播，2014（6）.

经过百年的探索,这种使用"投影"方式进行创作的手法已经相当成熟,观众也已经适应了这种对现实世界的抽象,几乎已经可以忽略媒介的缺陷而直接理解其"完全写实"的特性。但是,对于影像媒介来说,这种缺憾是必须要进行补全的。20世纪初,安德烈·巴赞提出"完整电影"理论:"电影这个概念与完整无缺地再现现实是等同的……这是完整的现实主义的神话,这是再现世界原貌的神话……这个神话就是完整电影的神话……他们所想象的就是再现一个声音、色彩和立体感等一应俱全的外在世界的幻景。"①诚然巴赞所提到的"立体感"指的是一个包括了视差因素和非视差因素的综合概念,然而影像媒介逐渐实现完善的途径就是补全其再现现实的手段——这包括影视技术历史上几乎所有里程碑式的成就:影调、声音、色彩、宽银幕、环绕声和立体。这种逐渐补全的路径无论是对于影像媒介本身,还是对于"人"都是合乎基本要求的。爱森斯坦在其未完成的遗作中讨论立体电影时谈道:"能否进一步肯定,千百年来,人类一直渴望达到这些要求,终于掌握了立体电影,认为它是这种愿望的最充分而直接的体现——在社会发展和艺术表现手段发展的不同阶段,人们是始终不变地抱着强烈的愿望、力图达到这种蕴藏在心中的要求的,尽管他们采取的方式各不相同,也没有充分满足这种意向。"②

立体影像拍摄和回放技术的发明,为影像技术打开了新的维度。尤其是在创作领域,创作者在影像领域第一次摆脱了"现实世界的投影"的"降低维度"困扰。这种跃升给创作者打开了新的创作空间,这也是立体影像媒介给创作领域留下的"第一印象",同时也是吸引创作者和观众的一大直接原因。虽然它的立体感不如雕塑和建筑,但相比2D平面电影则要强烈得多,3D电影的立体成像给人以"跃然纸上"的感觉,前景和后景直接分离,不再

---

① 巴赞.电影是什么[M].崔君衍,译.北京:中国电影出版社,1987.
② 爱森斯坦.艾森斯坦论文选集[C].魏边实,等译.北京:中国电影出版社,1985.

像 2D 通过景深虚化来区别。《皮娜》的立体总监维姆·文德斯谈到初次接触立体时说："当你取景时，你通过宽和高所限定的二维方法将画面框定。3D 打破了画框，它使得物体可以被放在画框之外——在前边或后边。"爱森斯坦也对这种构图空间的自由度进行了高度的评价：无论"奔向"观众的倾向，还是把观众"拉过来"的倾向，都是平等地相互竞争，彼此交替，或者力图并肩前进，相得益彰，仿佛已经预示了立体电影的那两种独特的可能性——这些可能性正是立体电影的主要造型特征（即基本光学现象）的基本技术本性！随着"三维影像空间"成为创作者和观众对立体影像媒介基本特性的共识，立体影像对影像媒介更深层次的影响逐渐受到重视。如影响空间维度跃升对"真实感"的重塑。如《多维立体电影：重构美学的身体之维》一文中对立体影像媒介（文中所谓"多维电影"的主要形式）的讨论：相对于传统电影而言，如果说传统电影的本质是"造梦"，多维立体电影的本质则是"造境"。"造梦"以虚幻的真实性为特征，"造境"则追求极致的真实，或者说，多维立体电影追求的"造境"是将虚幻的"梦"转化为超级真实的"境"。① 这些观点从宏观的角度对立体影像空间维度的跃升所释放的巨大创作自由进行了阐述，也对空间跃升对影像媒介的影响进行了探讨。但对于立体影像的研究不能只止步于承认影像维度的跃升，否则立体影像媒介将沉醉于这种新释放的创作自由中，难以实现媒介形式的自我完善，更难以对影像艺术产生深远的影响。

仅仅认识到维度跃升所带来的创作自由是危险的，这种故步自封的认识在多次立体风潮中几乎毁掉了立体影像的口碑，击垮了刚刚建立起的立体影像商业模式。最典型的一次是 20 世纪中期立体电影"自毁前途"的情况。《魔鬼勃华那》导演阿奇·奥博勒警示道："这时，立体片成了理想中观众窥视现实的画面。超立体影片——推向极致的立体摄影术，使物体以失

---

① 秦勇.多维立体电影：重构美学的身体之维[J].文艺研究,2014(11).

真的形式探出银幕,是一种必须慎用的特殊技巧。我之所以强调慎用,是因为我相信电影中的三维空间不仅今天是票房的财源,而且还是明天和后天这个行业的一台良好的金融稳定器。"他意识到空间创作的自由所带来的风险,但提出的解决方法是依靠创作者个人的"自觉",而不是创作理念的完善:"电影业在立体电影方面必须律己,最重要的是要有个人责任感。"①即使有识之士已经发出了警告,在其后不到十年间,立体影像产业也依然进入了几乎持续了半个世纪的低谷期。可见,多次重现的问题根源并不在于从业者的职业操守,而在于立体影像自身特性的不明确,创作者和观众都难以把握这个新的影像维度。以本书所提出的"锥体空间论"的视点回望,立体影像产业中出现的这些问题可以被归结为两点——空间约束不明确和空间特性不明晰。

锥体空间论从空间范围上对看似漫无边际的立体影像创作空间进行了"约束"。没有规矩不成方圆,长久以来,影视艺术的创作范围是画框的矩形范围。虽然声音可以通过环绕声、全景声等技术实现超越矩形构图平面,但作为主体的画面,无论是创作、传播还是审美,都只能以这个空间范围为舞台开展。"画框"作为构图的"第一因素",在画面的构造、内容的传达和美感的营造方面的作用也是毋庸赘述的。立体影像通过视差元素的加入,将画框向前、后无限延伸开来。在创作者和研究者的眼中,立体影像如同"打开了一扇窗""展现了一个新的世界"般将整个物理世界都容纳到影像世界中。但是,实际立体影像的可用空间并不是随意、无限地扩大了。从本书第一章关于锥体空间的构成讨论起,关于立体影像的锥体空间的"范围"和"用法"就作为核心问题贯穿始终。

明确立体影像的构图空间,如同给平面的影像媒介以构图的画框,是在

---

① 奥博勒.三维度·好莱坞大师谈艺录[C].郝一匡,等译.北京:中国电影出版社,1998.

有限空间中对立体影像的创作、传播和审美进行研究的起点，然而，这个起点一直不够明确。这也是立体电影史上那些"疯狂"的和"无趣"的立体影像作品所共同缺失的理解。立体影像锥体空间论明确、形象地重新审视立体影像的空间，为这个有限空间内的影像构造手段的研究打下了基础。从更广阔的视野来看，已有百余年历史的立体影像技术依然是影像媒介发展中的一个过渡，也可能是最后一种带有"画框"元素的影像媒介。但只要影像是在空间中有限呈现的，"画框"——影像的空间范围——就依然有着极其重要的意义，立体影像的锥体空间论的本质就是构造立体影像的"画框"。

明确了构图空间的范围后，锥体空间论通过两次空间映射的过程，对看似照搬现实的立体影像创作空间特性进行了明晰。关于立体空间的舒适度、安全性和艺术表现力的讨论，一直以来都有各自的空间特性体系，虽然通过实践积累和理论推导，各自已经取得了经过创作验证的一系列原则，但在理论结构上依然是分散的，在创作中难以得到完整的贯彻，加之立体影像创作需要多部门联合进行，摄影、灯光、置景等部门自身固有的知识体系难以将诸多关于立体的零散的原则一一对应到自身的工作流程中。因此在工作节奏飞快、气氛紧张的剧组中，对于立体影像的操作就更加容易失控。马丁·西科赛斯在谈到电影《雨果》的立体创作时就描述了立体影像所带来的挑战："我们已经熟悉 2D 的拍摄手法，习惯于使用将一切都压缩的长焦镜头。但在拍摄 3D 时需要重新思考，由于你需要决定如何利用深度。"解决这一问题，通过各个部门、工种主动更新其知识体系、工作流程是不现实的。同时，拍摄、制作、传播、放映整个影像产业链条也无法在各自的工作范围和立场上，针对立体影像提出有效的"标准"。只有立体影像自身提出一个涵盖全面的空间特性理论体系，才能实现对立体影像创作和欣赏实践活动的根本改观。立体影像的锥体空间论通过"创作—放映"两次主要的现实空间

与影像空间的交互,建立起一个完整的锥体空间映射过程,并将舒适度、安全性、表现力整合在这一个连续的链条中,从而为立体影像建立起一整套完整的、形象的、一体化的空间特性理论体系打下了基础。

二、审美维度的跃升

保罗·莱文森在其媒介理论中提道:"任何媒介的成功都意味着它经受了人的考验……满足了人的某种需要,无论这需要是肤浅的心动还是深刻的渴望。"①这一理论虽然源自其对于手机这一媒介的讨论,但对于立体影像媒介来说也十分贴切。立体影像将现实世界以一种更接近于真实的体验展现在观众面前,实现了影像媒介审美维度的跃升。这一跃升不仅为观众提出了新的欣赏理念,体现出立体影像的自身特色,还在审美理论方面,体现出向主体的身体和体验偏转的趋势。

"真实"作为影像媒介的基本属性,无论是影像层面、逻辑层面还是艺术层面都是艺术创作者的追求。影像媒介由于其"照相"的基本特性,与现实世界的光可以直接发生转换,在真实性上与其他媒介相比具有明显的优势。然而,影像媒介记录和回放"真实"的功能并不是一蹴而就的,而是在影像技术的支撑下从单一到综合、从粗糙到精细逐步发展的。感光速度、感光质量、彩色技术、大幅面技术等从不同方面增强了感光性能,补充着影像媒介的"真实"属性。然而所有这些进步,都没有摆脱影像媒介最大的缺憾——平面影像是现实世界在二维矩形空间中的映射。这一映射过程本身就是对真实的一次巨大的抽象。对于这种抽象,虽然创作者已经可以"戴着镣铐跳舞",制造出复杂的立体感,观众也可以通过画面上的种种非视差线索将已经经过投射的空间重新读出,但是影像本身由于没有实际的空间和厚度,所

---

① 莱文森.手机:挡不住的呼唤[M].何道宽,译.北京:中国人民大学出版社,2004.

谓"真实"也因此缺失了一个维度。

与平面影像媒介不同,立体影像中的构图"对象"在锥体空间中具有厚度,而且这种厚度是可以(或者说是必须)人为操纵的。通过对现实空间的两次映射,影像媒介实现了空间、物体由虚拟的真实转向"视觉的真实"。如艾森斯坦论述:"立体电影使画面具有三度空间的完整幻觉。而且这种幻觉使人完全相信,不会引起丝毫怀疑,正如普通电影中,观众一点也不会怀疑银幕画面确实是活动的。"①可见,影像媒介是通过一系列的"假象"来制造"视觉的真实"。如银盐的感光制造出的光影强弱,多种原色分层拼合出的色彩,快速闪动的静态图像制造出的运动,数字时代的影像更是现实光影的离散化表达。立体则是通过两次空间映射用两个视角的图像模拟出的视差,制造出锥体空间。3D 电影则直接变更了观众以往的客观生理接收方式,更直接、更有效地营造出具有真实感的空间,进而达到"深度知觉"效应,旨在实现观影主体和影片的无缝融合,形成浑然一体的态势。②

在理想的立体影像锥体空间中,观众的视觉空间应被第二次空间映射的锥体空间所代替。虽然现实中无论是拍摄环境还是观看环境都无法做到对观众视觉空间的完美替代,但是通过巨幕甚至穹幕提高画面所占的视野比例,4K 甚至更高的分辨率超越人眼的解析力,激光放映提高画面的亮度和层次,48 格/秒甚至 60 格/秒的帧率消除画面的停顿和闪烁感,可尽量弥补影像媒介的不足。第一次空间映射的立体摄像机组(连同后期对锥体空间的调整)真正成为观众"观察世界的眼睛"。这双眼睛完全摆脱了观众物理身体的束缚,可近可远,可仰可俯,既可包罗宇宙星系,亦可探入原子内部。这一切在平面影像媒介中虽然也可以实现,但观众会意识到屏幕这一界面的存在;而在立体影像的锥体空间替代了观众的视觉空间后,屏幕成为连续

---

① 爱森斯坦.艾森斯坦论文选集[C].魏边实,等译.北京:中国电影出版社,1985.
② 吴申坤,彭吉象.3D 电影的美学进阶:从视觉奇观到观念表达[J].现代传播,2014(6).

的锥体空间中一个并不易被察觉的面,这时影像所营造的"视觉的真实"达到了极致。总之,观众的视觉真实需主要通过第二次空间映射的质量提高实现理想中的替代效果。

立体影像的锥体空间两次映射的特性也将审美活动中欣赏者的主动性提到了新的高度。在观众熟悉并充分适应的平面影像媒介中,视点与画面的关系与绘画中的此类关系都是相对固定的。绘画往往会假定一个观察的视点,创作者从这个视点开始构造画面,欣赏者也从这个视点附近观看画面。欣赏者与创作者预定的视点之间的偏移,即使会造成画面在视觉中的透视变化,也并不会造成画面中空间构成方式的变化。如在画廊中人从远处走近一幅画、从左侧向右侧移动或反之,甚至倾斜头部进行观察,虽然欣赏者视觉中的画面发生了大小、位置和角度的变化,但并不会影响画面中物体之间的位置关系。同时由于人脑对视觉的补偿处理方式,在不同角度下,对画面的内容甚至文字均可以正确地读出。这一现象在平面影像媒介中普遍存在。如在电影院中,坐在不同的位置虽然看到的画面有不同程度的变形,但画面内容的空间关系不会随着欣赏位置而改变。

立体影像与绘画不同,由于锥体空间的两次映射均对最终画面产生影响,因此最终观众眼中的画面,可能与创作者的初衷有相当大的区别。无论是在同一个观看环境中的不同位置,还是在不同的观看环境中,由于立体图像的最终呈现需要通过第二次空间映射实现,观众的视角会对锥体空间的形态和锥体空间中的物体的画面产生较大的影响。实际上,当观众观看立体电影时,即使左右平移一下头部,也能感受到画面中物体的"变形"。也就是说,立体影像的最终效果受到创作者和欣赏者的共同影响,创作者所构造的锥体空间不一定会按照原本的空间关系(如深度、圆度)展示在观众的立体视觉中。然而,立体影像与雕塑和建筑等可以自由改变观看视点的媒介

又不相同，它的第一次空间映射已经基本确定了物理空间在锥体空间中的表现方式。也就是说，虽然观众的视点会对锥体空间的重现产生影响，但观众不可能通过改变观看的视点而改变画面中的内容。这就会造成画面空间的拉扯和扭曲。总之，立体影像的欣赏视点是处于纯静态的绘画与完全自由的雕塑（或建筑）之间的特殊形态。

最终，立体影像的锥体空间不仅是创作和欣赏方式的维度跃升，更是审美由静态的心灵过程向身体的动态体验转向的重要转折点。"多维立体电影不仅复兴了已经明日黄花的立体电影，带动了新一轮观影热潮，更为重要的是，这些新变化颠覆了人们的观影理念、观影感受与观影习惯。观影中注重视听的电影美学开始向注重全方位身体感受的身体美学转向。"[①]虽然笔者对《多维立体电影：重构美学的身体之维》中关于多维立体电影的定义持保留意见，但赞同立体、影院技术和展呈技术共同将审美的活动从静止的"观赏"转向了动态的体验。在这个体验过程中，对画面的感知不再是"读图"，而是锥体空间对立体视觉的部分替代。

立体影像媒介也是影像媒介中涉及技术类型最广、需要技术支撑最多的类型。吴申珅、彭吉象老师在《3D 电影的美学进阶：从视觉奇观到观念表达》一文中论述道：3D 电影美学生成的第一个维度就是技术维度，究其原因，都与数字技术的虚拟性特征分不开……接下来的维度则在"技术与人"和"人与技术"两者间展开。电影创作者将自己的理念借助于数字技术通过3D 电影形式予以呈现，立体影像的客观存在与"浸入式"观影的主观选择，弱化了观众的心理反转……形成"影像与心灵"的碰撞。换言之，就是在场心理的体验需求得到了满足，这种存在感不同于海德格尔的存在论中所体现的形而上的存在，而是在场主义的在场，是指显明的存在或存在意义的显现。[②]

---

① 秦勇.多维立体电影：重构美学的身体之维[J].文艺研究,2014(11).
② 吴申珅,彭吉象.3D 电影的美学进阶：从视觉奇观到观念表达[J].现代传播,2014(6).

这种将欣赏者的身体前所未有地与审美活动绑定在一起的现象,与季羡林先生对美学转型的分析如此一致:"既然已经走进死胡同,唯一的办法就是退出死胡同,改弦更张,另起炉灶,扬弃西方美学中无用的误导的那一套东西,保留其有用的东西。我们必须认识到,西方美学仅限于眼耳,是不全面的,中国'美'字的语源意义只限于看,也是不全面的,都必须加以纠正和补充。把眼、耳、口、鼻、舌、身所感受的美都纳入美学框架,把生理和心理所感受的美冶于一炉,建构成一个新体系。"①吴申珅、彭吉象老师在《3D电影的美学进阶:从视觉奇观到观念表达》一文中,也对立体电影所表现出的审美转向做了分析:纵观3D电影的形成,始终受到社会文化语境的影响,社会文化的"视觉文化""消费社会""后现代转向"等特点都与3D电影自身的特征相契合对接……不管是宏观、微观还是超现实,3D电影生动、形象地扩展了观影者的视野,由传统2D形式的"抽象"革新为3D电影的"移情",在现代和后现代的区分中,视觉性的主导地位作为转向后现代文化的重要标志,使感性得以张扬,呈现出"通灵"的幽渺之感。

三、立体影像——"从玩具到艺术"的阶梯

保罗·莱文森在讨论媒介的进化时谈道:"任何一种后继媒介都是一种补救措施,都是对过去的某一媒介或某一种先天不足的功能的补救或补偿。"②影调、色彩得到充分发展后,立体影像媒介作为一种后继媒介,补偿了自照相术诞生以来影像媒介中人的视差立体视觉的缺失。这种补全的过程是以对立体视觉原理的探索和模仿出现的——其原始形态理所当然地追求对人类立体视觉的"还原",而不是"创造"新的视觉空间。虽然人们对立体影像的锥体空间一直以来都没有完整、清晰的认识,但无论是维多利亚时代

---

① 　季羡林.美学的根本转型[J].文学评论,1997.
② 　莱文森.莱文森精粹[M].何道宽,译.北京:中国人民大学出版社,2007.

的立体照片还是数字时代的立体巨幕电影，都自觉或不自觉地重复着"模仿游戏"，试图制造"影像也能立体"的奇迹，并尽其所能地在观众眼前"炫耀"这种能力。

但需要注意的是，立体影像的原理和技术早于现代电影诞生，立体影像的发展并不是新媒介逐渐替代旧媒介的过程，而是一个以平面影像（或者说是立体和平面影像共同的基础——技术和艺术）为主线，两种媒介平行发展、紧密联系的过程。这种平行发展的历史过程在媒介历史上并不特殊。罗杰·费德勒在其著作《媒介形态变化：认识新媒介》中指出："新媒介并不是自发地和独立地产生的——它们从旧媒介的形态变化中逐渐产生。当比较新的传媒形式出现时，比较旧的形式通常不会死亡，它们会继续演进和适应。"①而对于不断演进和适应的影像媒介来说，以普通电影和电视为代表的平面影像媒介在技术和艺术上成熟要早于立体影像媒介，它们已经实现了由玩具到镜子再到艺术的蜕变。

以电影为代表的平面影像媒介的进化过程，对于立体影像来说有重要的参考价值。电影首先解决的问题是让影像"动起来的能力"，这也是电影作为动态影像媒介与摄影的重大区别。获得动态影像的拍摄和回放的能力后，出现了一大批以"动"为主要形式和主要目的的短片，如《火车进站》《水浇园丁》等。早期电影的"动"反映在画面上就是演员没有停顿的动作，这个阶段可被称为电影的"玩具"阶段。而随着电影单纯"能动"已经不再新奇，创作者转而探索用电影记录世界——这一过程不仅丰富了电影的创作手段，更伴随着胶片技术和摄影机技术的进步。无论是纪录片《北方的纳努克》还是故事片《党同伐异》，画面的质感和动态与早期的电影作品相比更加完整。电影作为记录现实的媒介逐渐成熟，经历了从"玩具"到"镜子"的蜕

---

① 费德勒.媒介形态变化：认识新媒介[M].北京：华夏出版社，2000.

变。而随着电影编剧、表演、摄影艺术和蒙太奇理论的逐渐成熟,电影积累了一整套具有丰富表现力的视听语言体系,并具有了对现实进行主观重组的能力。在这些理论和艺术手段的支撑下,电影完成了由"镜子"向"艺术"的进化。而在这个过程中,电影所具有的技术能力和艺术表现力逐渐提升,走上了形式多样的自我完善之路。

立体影像作为影像媒介发展的新阶段,长久以来与一般意义上的电影共享一套理论体系、创作思路和媒介环境。虽然立体影像作为一种媒介难以被称为一门独立的艺术,但其所弥补的电影、电视艺术却能由于媒介的进步而释放艺术表现力。然而长久以来,立体影像的作品仅限于展示其"立体能力"的"炫技",立体影像媒介也被认为是"干扰"艺术表现的"玩具"。可以说从 19 世纪人类掌握拍摄和回放立体影像的技术以后到 21 世纪初,大部分的立体影像作品——无论是立体摄影、立体电影还是立体电视节目——都仅将展示立体的能力作为主要的追求,仍然停留在"玩具"的水平。这种媒介停留在初始形态无法上升的状态不是立体影像媒介所特有的,保罗·莱文森注意到了这种情况在媒体艺术史上的多种表现,将其概括为:"虽社会合力然玩具阶段可能是后续阶段的前提条件, 但决不保证后续技术的发展。在缺乏一定的环境条件下,技术'玩具'可能会长期'定格'在初始阶段。"[1]也就是说,立体影像的"定格"原因是多层次的。

首先,立体影像媒介自身还未发展成熟。纵观立体影像的历史,除了个别几部里程碑式的作品外,更多能够看到的是立体技术设备的进步。在数字时代之前,立体影像技术发展主要受到影像感光材料和摄影设备技术的影响,以机械、电子技术作为调整立体拍摄参数、保持立体光路稳定的手段。实践证明,即使机械加工再精细、电子控制再精密,也难以保证立体影像在

---

[1]　莱文森.莱文森精粹[M].何道宽,译.北京:中国人民大学出版社,2007.

两个几十毫米大小的感光面上得到足够准确的控制。而拍摄时零点几毫米的误差，放大到十米银幕上就足以使观众的双眼紧张，干扰立体观看体验。数字技术彻底改变了这一状况。在全数字化的影像技术和自动化技术的支撑下，立体影像的质量控制达到了前所未有的水平，从前期到后期的每个环节都保证了素材的无损性，且能随时对立体影像进行立体监看、立体检查和立体校正。这是模拟图像技术时代难以想象的便利性。但是，虽然立体影像的制作技术可以达到很高的水准，但对于创作者来说依然难以驾驭。立体摄像机组的体积和重量至少是相应的普通摄影机的两倍以上；立体画面的参数对于摄影师来说难以理解，拍摄时的效果难以把握；立体图像的数据量增加了一倍，并新增了多种辅助的数据类型，给 IT 和整个后期流程带来了巨大的带宽和储存压力；立体画面处理需要多种新算法，即使是简单的立体图像匹配校正过程，对于一般的后期制作机构也存在着硬件、软件和人员方面的门槛；立体放映设备巨大、昂贵，使用和维护费用高昂，立体放映效果差强人意……立体影像媒介的方方面面还远没有成熟，创作者无法得心应手地进行立体影像创作。同时这也意味着随着立体技术的进步，新的革命性的立体影像技术会层出不穷，立体"奇观"还会存在新的刺激点。在商业模式为主的当今，不能脱离"奇观"的情况也可被同时认为是立体影像媒介"定格"的原因和表现。

其次，缺乏对立体影像媒介自身的完整理性思考。立体影像既涉及影像捕捉、记录、处理回放等影像科学技术，又涉及人的立体视觉原理、特性和心理特征，属于综合性极强的媒介领域。但在研究领域，人们往往是以两者之一作为主要领域开展对立体影像的研究。在研究成果中，常常体现出媒介技术、媒介特性、观看体验割裂的情况。这种局部的研究对于媒介自身的发展具有很大的价值，但对于立体影像媒介整体来说，则显得不够完整。此

外如上文所述,立体影像媒介尚未成熟,新技术层出不穷。这种高频率的技术更新使得创作者应接不暇,也使研究者将注意力转移到媒介技术及其影响上。这种情况从一定程度上也限制了人们对立体影像媒介自身思考的普遍性。本书绪论中所列举的参考文献,几乎或多或少地都存在这种问题。缺乏对立体影像媒介自身的完整理性思考,也直接导致了对立体影像媒介认识的不足。

最后,无论是创作者、传播者还是欣赏者,他们对于立体影像的认识和对其特性的把握还停留在奇观阶段,尚未形成艺术语言。虽然创作者已经开始探索立体影像作为创作手段的使用技巧,如本书前面分析过的《皮娜》以及《卡洛琳》《阿凡达》《雨果》等片中的探索,都蕴含着以立体空间进行叙事、传情的意图。立体影像媒介也逐渐探索其技术体系和表达手段,试图挣脱定格于玩具的现状,向"镜子"和"艺术"前进。但是传达现实、与实现互动是技术发挥镜子功能的表征。同样,飞向艺术、生成艺术,只有少数技术才能完成。① 由于立体影像空间自身的形态和特性尚未形成完整、科学、形象的共识,人们对立体影像艺术表现力的探索仍处在自由、零散的低水平阶段。即使是配合在平面影像媒介中已经相当成熟的视听语言,立体影像媒介也还存在着大片的理论和实践空白。立体的种种特性和手法如何转换为艺术语言,也是立体影像媒介探寻自身特色、明确自身定位的关键所在。

综上所述,要完成向艺术的质变,技术媒介"不但要能够复制现实,而且要能够以富有想象力的方式重组现实"。立体影像媒介也需要超越"立体影像技术的能力"本身,深入探索"模仿立体视觉的能力",并逐渐向"创造立体空间的能力"演进。这个链条的第一个环节随着数字技术的介入逐渐成熟,但第二和第三个环节的实现不仅要求立体影像媒介本身的技术达到较高的

———————————

① 陈功. 保罗·莱文森的媒介演进线路图谱[J].当代传播,2012(2).

水平,同时要求人们对立体影像媒介自身的认识跨越技术、体验和艺术的分割,从更高的角度为立体影像与平面影像最本质的区别——影像空间——进行完整、科学和形象的描述。

本书所提出的"立体影像锥体空间论",正是立足于弥合技术体系与审美体验之间的鸿沟,将立体影像的空间从创作到欣赏的过程整合在一个完整的空间内,并在锥体空间这一符合立体影像技术原理、创作经验和审美体验的空间中讨论立体影像的特性和用法,进而讨论立体影像的表现力和艺术潜力。立体还需要它的《战舰波将金号》《眩晕》《教父》。相比之下,对立体影像的探索,通过李安的《少年派的奇幻漂流》、赫鲁曼的《了不起的盖茨比》和西科塞斯的《雨果》等作品才刚刚开始。相信随着立体影像的锥体空间理论的提出和成熟,能够为立体影像造就由"玩具"向"艺术"跃升的阶梯。

参考文献

PENNINGTON A, GIARDINA C. Exploring 3D: the new grammar of stereo-scopic filmmaking[M]. Focal Press, 2013.

DIVERGENCe A.[CP].Real D pro stereo3D calculator manual. 2010.

An etching of a ca.1895 vaudeville house converted into a makeshift "movie" theatre. The history of the discovery of cinematography[OL]. www.pre-cinemahistory.net. 1997.

ANDERSON J D, ANDERSON F B. Moving image theory: ecological con-siderations[M]. Carbondale, Illinois: Southern Illinois University Press,2005.

BAZIN A. The ontological realism of the photographic image. What is cine-ma? [M].Berkeley: University of California Press. Cavell, S. (1980). The world viewed. Cambridge: Harvard University Press,2005.

MENDIBURN B.3D 电影制作:数字立体电影制作全流程[M].黄裕成,刘志强,译.北京:人民邮电出版社, 2011.

GARDNER B. Perception and the art of 3D storytelling[J]. Creative Cow Magazine,2009.

WHEATSTONE C, F.R.S. Contributions to the physiology of vision. On some remarkable, and hitherto unobserved, phenomena of binocular vision[R].

King's College, London, 1938.

CORTÉS E C. Understanding the ins and outs of 3-D stereoscopic cinema [J]. SMPTE motion imaging journal, 2008(5-6).

DEWHURST H. Introduction to 3-D: three dimensional photography in motion pictures[M]. London: Chapman & Hall, 1954.

DUDLEY L P. Stereoptics: an introduction[M]. London: Macdonald, 1951.

GARCI E. PPD calculator [OL]. http://res18h39. bitballoon. com/calculator.htm . 2009.

HÄKKINEN J, KAWAI T, TAKATALO J, LEISTI T, RADUN J, HIRSAHO A, NYMAN G. Measuring stereoscopic image quality experience with interpretation based quality methodology. Proceedings of the IS&T/SPIE's International Symposium on Electronic Imaging 2008: Imaging Quality and System Performance V (Eds. Susan P. Farnand and Frans Gaykema), 27-31 January 2008, San Jose Convention Center, San Jose, California USA, Vol. 6808, pp. 68081B-68081B-12. doi:10.1117/12.760935.

HALLOWS R. Letter to the editor on usage of the word "stereoscopic"[J]. SMPTE journal 102 Sep (1993): 826-827. HARDEN F. Stereoscopic film. Cinema Papers, n43 May/Jun (1983): 134-9.

HAWKINS R C. Perspective on 3-D[J]. The quarterly of film radio and television, 1953, 7(4).

HAYES R M. 3-D movies. A history and filmography of stereoscopic cinema [M]. Jefferson, NC: McFarland & Company, 1998.

IJSSELSTEIJN W A, RIDDER H D, VLIEGEN J. Subjective evaluation of stereoscopic images: effects of camera parameters and display duration[J]. IEEE

transactions on circuits and systems for video technology, 2000, 10(2).

IMAX theater design[OL].https://www.imax.com/about/experience/geometry/.

JUDGE A W. Stereoscopic photography: its application to science, industry and education[M]. London: Chapman & Hall, 1950.

KRACAUER. Theory of film: the redemption of physical reality[M]. Like Bazin, Kracauer, 1960.

LIMBACHER J L. Four aspects of the film[M]. New York: Brussel and Brussel, 1968.

LIPTON L. A stereoscopic filmmaking system. Cantrill's Filmnotes, n25/26 May. 1977.

LIPTON L. Binocular symmetries and asymmetries in stereoscopic motion picture systems. Cinema News n2/3/4.1979.

LIPTON L. Foundations of the stereoscopic cinema: a study in depth[M]. New York: Van Nostrand Reinhold, 1982.

LIPTON L. Stereoscopic video under the sea. American Cinematographer 69 Jan.1988.

LIPTON L. The stereoscopic cinema: from film to digital projection[J]. SMPTE journal 110 Sep.2001.

LOW C. "CyberWorld" in IMAX 3-D. Take One: Film & Television in Canada 10 Jul (n33).2001.

LOW C. Large screen 3-D: aesthetic and technical considerations[J]. SMPTE journal, 1984(2).

MEDINA A. The power of shadows: shadow stereopsis[J].Opt.Soc. Am.A6

（2）:309-311.1989.

SEYMOUR M. Hugo: a study of modern inventive visual effects[J/OL]. www.fxguide.com. 2011.

MIL-STD-1472F Military Standard, Human Engineering, Design Criteria For Military Systems, Equipment, And Facilities (23 Aug 1999). [R]. 1999.

MITCHELL R. The tragedy of 3-D cinema. Film History, 2004,16.

MORGAN H, SYMMES D L. Amazing 3-D[M]. Boston: Little Brown & Company,1982.

PAUL W. The aesthetics of emergence. In Film History, 1993,5.

DANIEL P. Experience it in IMAX[R].2011.

RECUBER T. Immersion cinema: the rationalization and reenchantment of cinematic space[J]. Space and culture, 1995,10(3).

SPOTTISWOOD R, SPOTTISWOOD N. The theory of steroscopitc transmission and its application to the motion picture[M]. Berkeley: University of California Press,1953.

THWAITES H. Three dimensional media technology: proceedings of the international conference, theory and history, 3D television, 3D film, holography, multidimensional media [M]. Montréal: 3Dmt Research and Information Center,1990.

TROTTER D. Stereoscopy: modernism and the "haptic"[J].Critical quarterly, 2004,46(4).

UKAI K. Human factors for stereoscopic images. IEEE international conference on multimedia,2006.

UKAI K, HOWARTH P A. Visual fatigue caused by viewing stereoscopic

motion images：background，theories，and observations［J］. Displays，2008，29（2）.

VALYUS N A. Stereoscopy［M］. London：Focal Press，1962.

YAMANOUE H. The relation between size distortion and shooting conditions for stereoscopic images［J］. SMPTE journal 106 Apr.1997.

YAMANOUE. Stereoscopic HDTV：research at NHK science and technology research laboratories［R］. Springer. 2012.

ZONE R. 3-D filmmakers：conversations with creators of stereoscopic motion pictures［M］. Toronto：The Scarecrow Press，2005.

ZONE R. A window on space：dual -band 3-D cameras in the 1950s［J］. Film history，2004，16.

ZONE R. Stereoscopic cinema & the origins of 3-D film，1938—1952［M］. Lexington KY：University of Kentucky Press，2007.

ZONE R. The last great innovation：the stereoscopic cinema［J］. SMPTE motion imaging journal，2007(11-12).

奥博勒.三维度·好莱坞大师谈艺录［C］.郝一匡,等译.北京:中国电影出版社,1998.

巴赞.电影是什么［M］.崔君衍,译.南京:江苏教育出版社,2005.

莱文森.莱文森精粹［M］.何道宽,译.北京:中国人民大学出版社,2007.

莱文森.手机:挡不住的呼唤［M］.何道宽,译.北京:中国人民大学出版社,2004.

沃德.电影电视画面:镜头的语法［M］.北京:华夏出版社,2004.

布洛克.现代艺术哲学［M］.滕守尧,译.成都:四川人民出版社,1998.

曾军.视取向:视觉的艺术［J］.东方丛刊,2006(3).

陈功.保罗·莱文森的媒介演进线路图谱[J].当代传播,2012(2).

陈双寅.浅析常见 3D 立体影视技术的类型差异[J].上海师范大学学报(自然科学版),2013(3).

崔蕴鹏.立体影像创作[M].北京:高等教育出版社,2014:96.

波德维尔.强化的镜头处理——当代美国电影的视觉风格[J].世界电影,2003(1).

范真.甘肃省 8164 例儿童青少年瞳距测量分析[J].中国儿童保健杂志,2012(12).

萨赫诺夫斯基-潘克耶夫,张汉玺,李元达,黎力.论戏剧的假定性与电影的假定性[J].世界电影,1982(1).

高盟,刘跃军.立体电影的深度空间与应用美学研究[J].北京电影学院学报,2013(6).

戈永良,史久铭,陈继章,顾锦龙.影视特技[M].北京:中国电影出版社,2006.

韩帅.电子游戏中的交互、沉浸与审美[J].产业与科技论坛,2011(10).

杭云,苏宝华.虚拟现实与沉浸式传播的形成[J].现代传播,2007(6).

郝一匡.好莱坞大师谈艺录[M].北京:中国电影出版社,1998.

季羡林.美学的根本转型[J].文学评论,1997.

贾秀清,栗文清,姜娟,等.重构美学:数字媒体艺术本性[M].北京:中国广播电视出版社,2006.

姜浩.数字影视后期合成与特技特效[M].北京:清华大学出版社,2004.

靳宇,雷振宇,王建雄,柳学成.立体电影图像几何失真的深度解析[J].现代电影技术,2013(6).

李全胜.创造"真实"的视界——从《阿凡达》到《泰坦尼克号》谈立体制

作技术[J].北京电影学院学报,2012(3).

李以泰.论构图中心[J].新美术,1997(2).

李亦中,赵菲.辩证看待3D电影热[C]//中国高等院校电影电视学会、西北大学.新世纪新十年:中国影视文化的形势、格局与趋势——中国高等院校影视学会第十三届年会暨第六届中国影视高层论坛论文集.中国高等院校电影电视学会、西北大学,2010.

李泽厚.美学三书.[M].天津:天津社会科学院出版社,2003.

梁汉森,孙宏达.国产3D动画电影:摸着石头过河[J].当代电影,2009(12).

梁明.运动镜头的表现力[J].当代电影,1999(11).

林华全,张颖,邱文静.3D技术要服务于影片内容[J].当代电影,2009(12).

刘春雷."动之美"——电影运动镜头的独特表现魅力[J].电影评介,2008(1).

刘戈三.数字3D电影时代已经到来?[J].北京电影学院学报,2010(1).

柳青.新影像时代下的立体电影之路[J].大众文艺,2011(21).

陆晓玲.浅谈3D电影的视觉文化和美学意蕴[J].电影文学,2013(14).

费德勒.媒介形态变化:认识新媒介[M].北京:华夏出版社,2000.

马尔丹.电影语言[M].北京:中国电影出版社,1992.

聂欣如.论电影的造型表现力[J].电影艺术,1987(11).

彭吉象.艺术学概论[M].北京:北京大学出版社,2006.

克拉考尔.电影的本性[M].南京:江苏教育出版社,2006.

秦勇.多维立体电影:重构美学的身体之维[J].文艺研究,2014(11).

热恩.视像与力量——斯坦尼康稳定器的作用[J].世界电影,1995(3).

宋德隆,焦祖梅,等.中国人正常瞳孔径测定的统计观察[C].第二届全国眼科学术研究会议论文汇编.

孙振涛.3D 动画电影研究:本体理论与文化[D].上海:华东师范大学,2011.

索亚斌.动作的压缩与延展——香港动作片的两极镜头语言[J].当代电影,2005(4).

王琼.国内 3D 电视的发展现状及瓶颈[J].青春岁月,2013(10).

王亨里.电影画面的运动型与绘画性[J].电影艺术,1989(9).

王雷,廖祥忠.《阿凡达》带给中国动漫的启示[J].现代传播,2010(4).

王灵东.3D 立体影像创作刍议[J].电影评介,2012(19).

王楠,王喆.3D 立体时代的电影摄影创作之惑[J].新闻知识,2013(7).

王志敏.现代电影美学体系[M].北京:北京大学出版社,2006.

魏然.逐渐现实的造梦机——谈 4D 电影的发展[J].视听,2013(7).

文劲松,魏汐珂.从《少年派的奇幻漂流》看李安奇观主义电影审美[J].电影文学,2013(11).

吴申玶,彭吉象.3D 电影的美学进阶:从视觉奇观到观念表达[J].现代传播,2014(6).

吴向东,李一平.论当前电影的空间构图艺术[J].电影文学,2011(5).

爱森斯坦.艾森斯坦论文选集[C].魏边实,等译.北京:中国电影出版社,1985.

徐竞涵.高科技语境下的电影运动镜头[J].当代电影,2003(11).

亚里士多德.诗学[M].天蓝,译.上海:上海新文艺出版社,1953.

杨少梅,江翠平.双眼视觉——正常人的双眼视觉[J].眼科学报,1987(2).

叶朗.现代美学体系[M].北京:北京大学出版社,2004.

叶朗.中国美学史大纲[M].上海:上海人民出版社,2005.

游素亚.立体视觉研究的现状与进展[J].中国图像图形学报,1997(1).

袁超,李惠芳.浅析 3D 立体动画电影对儿童的人文关怀[J].当代电影, 2012(9).

张宏.3D 时代中国电影内容产业持续发展的思考[J].当代电影,2010(7).

张文俊.数字时代的影视艺术[C].上海:学林出版社,2003.

赵芳.慢镜头的功用和作用[J].科教导刊,2011(2).

周一楠,丁莉.艺术的技术[M].北京:中国广播电视出版社,2006.

朱立元.西方美学名著提要[M].南昌:江西人民出版社,2000.

朱羽君.运动镜头的感情色彩[J].现代传播,1982(3).

本书插图的彩色、立体版本可在 cuiyunpeng.sxl.cn 查看

图书在版编目（CIP）数据

从矩形到锥体：立体影像锥体空间论/崔蕴鹏著.
--北京：红旗出版社，2019.12
ISBN 978-7-5051-5090-4

Ⅰ.①从⋯　Ⅱ.①崔⋯　Ⅲ.①摄影技术-研究　Ⅳ.①TB8

中国版本图书馆 CIP 数据核字（2019）第 291163 号

书　　名	从矩形到锥体：立体影像锥体空间论			
著　　者	崔蕴鹏			
出 品 人	唐中祥	选题策划	盘黎明　刘险涛	
总 监 制	褚定华	责任编辑	毛传兵　欧丽娜	
		封扉设计	风得信设计·阿东 FondesyDesign	
出版发行	红旗出版社 中国传媒大学出版社	地　　址	北京市沙滩北街 2 号	
邮政编码	100727	编 辑 部	010-57274526	
E - mail	hongqi1608@126.com			
发 行 部	010-57270296　010-65450528			
印　　刷	北京玺诚印务有限公司			
开　　本	710 毫米×1000 毫米	1/16		
字　　数	193 千字	印　　张	14.5	
版　　次	2019 年 12 月北京第 1 版	印　　次	2019 年 12 月北京第 1 次印刷	
ISBN 978-7-5051-5090-4		定　　价	68.00 元	

本书由中国传媒大学中央高校基本科研业务费专项资金资助出版

媒体艺术与技术丛书

从矩形到锥体

立体影像锥体空间论

崔蕴鹏 著

U0309996

红 旗 出 版 社

中国传媒大学 出版社

·北京·